U0302344

NATURKUNDEN

启
蛰

讲述自然的故事

狼

[德] 佩特拉·阿奈 著

张雪洋 麦启璐 译

北京出版集团
北京出版社

今天我们为什么还需要博物学？

李雪涛

一

在德文中，Naturkunde的一个含义是英文的natural history，是指对动植物、矿物、天体等的研究，也就是所谓的博物学。博物学是18、19世纪的一个概念，是有关自然科学不同知识领域的一个整体表述，它包括对今天我们称之为生物学、矿物学、古生物学、生态学以及部分考古学、地质学与岩石学、天文学、物理学和气象学的研究。这些知识领域的研究人员称为博物学家。1728年英国百科全书的编纂者钱伯斯（Ephraim Chambers, 1680 — 1740）在《百科全书，或艺术与科学通用辞典》（*Cyclopaedia, or an Universal Dictionary of Arts and Sciences*）一书中附有“博物学表”（Tab. Natural History），这在当时是非常典型的博物学内容。尽管从普遍意义上来讲，有关自然的研究早在古代和中世纪就已经存在了，但真正的“博物学”

（Naturkunde）却是在近代出现的，只是从事这方面研究的人仅仅出于兴趣爱好而已，并非将之看作是一种职业。德国文学家歌德（Johann Wolfgang von Goethe, 1749—1832）就曾是一位博物学家，他用经验主义的方法，研究过地质学和植物学。在18—19世纪之前，自然史——博物学的另外一种说法——一词是相对于政治史和教会史而言的，用以表示所有科学研究。传统上，自然史主要以描述性为主，而自然哲学则更具解释性。

近代以来的博物学之所以能作为一个研究领域存在的原因在于，著名思想史学者洛夫乔伊（Arthur Schauffler Oncken Lovejoy, 1873—1962）认为世间存在一个所谓的“众生链”（the Great Chain of Being）：神创造了尽可能多的不同事物，它们形成一个连续的序列，特别是在形态学方面，因此人们可以在所有这些不同的生物之间找到它们之间的联系。柏林自由大学的社会学教授勒佩尼斯（Wolf Lepenies, 1941— ）认为，“博物学并不拥有迎合潮流的发展观念”。德文的“发展”（Entwicklung）一词，是从拉丁文的“evolvere”而来的，它的字面意思是指已经存在的结构的继续发展，或者实现预定的各种可能性，但绝对不是近代达尔文生物进化论意义上的新物种的突然出现。18世纪末到19世纪，在欧洲开始出现自然博物馆，其中最早的是1793年在巴黎建立的国家自然博物馆（Muséum national d'histoire naturelle）；在德国，普鲁士于1810年创建柏林大学之时，也开始筹备"自然博物馆"（Museum für Naturkunde）了；伦敦的自然博物馆（Natural History Museum）建于1860年；维也纳的自然博物馆（Naturhistorisches Museum）建于1865年。这些博物馆除了为大学的研究人员提供当时和历史的标本之外，也开始向一般的公众开放，以增进人们对博物学知识的了解。

德国历史学家科泽勒克（Reinhart Koselleck, 1923—2006）曾在他著名的《历史基本概念——德国政治和社会语言历史辞典》一书中，从德语的学术语境出发，对德文的"历史"（Geschichte）一词进行了历史性的梳理，从中我们可以清楚地看出博物学/自然史与历史之间的关联。从历史的角度来看，文艺复兴以后，西方的学者开始使用分类的方式划分和归纳历史的全部知识领域。他们将历史分为神圣史（historia divina）、文明史（historia civilis）和自然史（historia naturalis）[1]，而所依据的撰述方式是将史学定义为叙事（erzählend）或描写（beschreibend）的艺术。由于受到基督教神学造物主/受造物的二分法的影响，当时具有天主教背景的历史学家习惯将历史分为自然史（包括自然与人的历史）和神圣历史，例如利普修斯（Justus Lipsius, 1547—1606）就将描述性的自然志（historia naturalis）与叙述史（historia narrativa）对立起来，并将后者分为神圣历史（historia sacra）和人的历史（historia humana）。科泽勒克认为，随着大航海时代的开始，西方对海外殖民地的掠夺和新大陆以及新民族的发现使时间开始向过去延展。到了17世纪，人们对过去的认识就已不再局限于《圣经》记载的创世时序了。通过莱布尼茨（Gottfried Wilhelm Leibniz, 1646—1716）和康德（Immanuel Kant, 1724—1804）的努力，自然的时间化（Verzeitlichung）着眼于无限的未来，打开了自然有限的过去，也为人们历史地阐释自然做了铺垫。

1 不论在古代，还是中世纪，拉丁文中的“historia”既包含着中文的“史”，也有“志”的含义，而在“historia naturalis”中主要强调的是对自然的观察和分类。近代以来，特别是18世纪至19世纪，“historia naturalis”成为了德文的“Naturgeschichte”，而“自然志”脱离了史学，从而形成了具有历史特征的“自然史”。

到了18世纪，博物学（Naturkunde）慢慢脱离了史学学科。科泽勒克认为，赫尔德（Johann Gottfried Herder, 1744—1803）最终完成了从自然志向自然史的转变。

二

尽管在中国早在西晋就有张华（232—300）十卷本的《博物志》印行，但其内容所涉及的多是异境奇物、琐闻杂事、神仙方术、地理知识、人物传说等等，更多的是文学方面的“志怪”题材作品。其后出现的北魏时期郦道元（约470—527）著《水经注》、贾思勰著《齐民要术》（成书于533—544年间），北宋时期沈括（1031—1095）著《梦溪笔谈》等，所记述的内容虽然与西方博物学著作有很多近似的地方，但更倾向于文学上的描述，与近代以后传入中国的“博物学”系统知识不同。其实，真正给中国带来了博物学的科学知识，并且在中国民众中起到了科学启蒙和普及作用的是自19世纪后期开始从西文和日文翻译的博物学书籍。

尽管“博物”一词是汉语古典词，但“博物馆”“博物学”等作为“和制汉语”的日本造词却产生于近代，即便是“博物志”一词，其对应上“natural history”也是在近代日本完成的。如果我们检索《日本国语大辞典》的话，就会知道，博物学在当时是动物学、植物学、矿物学以及地质学的总称。据《公议所日志》载，明治二年（1869）开设的科目就有和学、汉学、医学和博物学。而近代以来在中文的语境下最早使用"博物学"一词是1878年傅兰雅《格致汇编》第二册《江南制造总局翻译系书事略》："博物学等书六部，计十四本。"将"natural history"翻译成"博物志""博物学"，是在颜惠庆（W. W. Yen, 1877—1950）于1908年出版的《英华大辞典》中。这部辞典是以当时日本著名的《英和辞典》为蓝本编纂的。据日本关西大学沈国威教授的研究，有关植物学的系统知识，实际上在19世纪中叶已经介绍到中国和使用汉字的日本。沈教授特别研究了《植学启原》（宇田川榕庵著，1834）与《植物学》（韦廉臣、李善兰译，1858）中的植物学用语的形成与交流。也就是说，早在"博物学"在中国、日本被使用之前，有关博物学的专科知识已经开始传播了。

三

这套有关博物学的小丛书系由德国柏林的Matthes & Seitz出版社策划出版的。丛书的内容是传统的博物学，大致相当于今天的动物学、植物学、矿物学，涉及有生命和无生命，对我们来说既熟悉又陌生的自然。这些精美的小册子，以图文并茂的方式，不仅讲述有关动植物的自然知识，并且告诉我们那些曾经对世界充满激情的探索活动。这套丛书中每一本的类型都不尽相同，但都会让读者从中得到可信的知识。其中的插图，既有专门的博物学图像，也有艺术作品（铜版画、油画、照片、文学作品的插图）。不论是动物还是植物，书的内容大致可以分为两个部分：前一部分是对这一动物或植物的文化史描述，后一部分是对分布在世界各地的动植物肖像之描述，可谓是丛书中每一种动植物的文化史百科全书。

这套丛书是由德国学者编纂，用德语撰写，并且在德国出版的，因此其中运用了很多“德国资源”：作者会讲述相关的德国故事［在讲到猪的时候，会介绍德文俗语“Schwein haben”（字面意思是：有猪，引申义是：幸运），它是新年祝福语，通常印在贺年卡上］；在插图中也会选择德国的艺术作品［如在讲述荨麻的时候，采用了文艺复兴时期德国著名艺术家丢勒（Albrecht Dürer, 1471—1528）的木版画］；除了传统的艺术之外，也有德国摄影家哈特菲尔德（John Heartfield, 1891—1968）的作品《来自沼泽的声音：三千多年的持续近亲繁殖证明了我的种族的优越性！》—— 艺术家运用超现实主义的蟾蜍照片，来讽刺1935年纳粹颁布的《纽伦堡法案》；等等。除了德国文化经典之外，这套丛书的作者们同样也使用了对于欧洲人来讲极为重要的古埃及和古希腊的例子，例如在有关猪的文化史中就选择了古埃及的壁画以及古希腊陶罐上的猪的形象，来阐述在人类历史上，猪的驯化以及与人类的关系。丛书也涉及东亚的艺术史，举例来讲，在《蟾》一书中，作者就提到了日本的葛饰北斋（1760—1849）创作于1800年左右的浮世绘《北斋漫画》，特别指出其中的“河童”（Kappa）也是从蟾蜍演化而来的。

从装帧上来看，丛书每一本的制作都异常精心：从特种纸彩印，到彩线锁边精装，无不透露着出版人之匠心独运。用这样的一种图书文化来展示的博物学知识，可以给读者带来独特而多样的阅读感受。从审美的角度来看，这套书可谓臻于完善，书中的彩印，几乎可以触摸到其中的纹理。中文版的翻译和制作，同样秉持着这样的一种理念，这在翻译图书的制作方面，可谓用心。

四

自20世纪后半叶以来，中国的教育其实比较缺少博物学的内容，这也在一定程度上造成了几代人与人类的环境以及动物之间的疏离。博物学的知识可以增加我们对于环境以及生物多样性的关注。

我们这一代人所处的时代，决定了我们对动植物的认识，以及与它们的关系。其实一直到今天，如果我们翻开最新版的《现代汉语词典》，在"猪"的词条下，还可以看到一种实用主义的表述："哺乳动物，头大，鼻子和口吻都长，眼睛小，耳朵大，四肢短，身体肥，生长快，适应性强。肉供食用，皮可制革，鬃可制刷子和做其他工业原料。"这是典型的人类中心主义的认知方式。这套丛书的出版，可以修正我们这一代人的动物观，从而让我们看到猪后，不再只是想到"猪的全身都是宝"了。

以前我在做国际汉学研究的时候，知道国际汉学研究者，特别是那些欧美汉学家们，他们是作为我们的他者而存在的，因此他们对中国文化的看法就显得格外重要。而动物是我们人类共同的他者，研究人类文化史上的动物观，这不仅仅对某一个民族，而是对全人类都十分重要的。其实人和动植物之间有着更为复杂的关系。从文化史的角度，对动植物进行描述，这就好像是在人和自然之间建起了一座桥梁。

拿动物来讲，它们不仅仅具有与人一样的生物性，同时也是人的一面镜子。动物寓言其实是一种特别重要的具有启示性的文学体裁，常常具有深刻的哲学内涵。古典时期有《伊索寓言》，近代以来比较著名的作品有《拉封丹寓言》《莱辛寓言》《克雷洛夫寓言》等等。法国哲学家马吉欧里（Robert Maggiori, 1947— ）在他的《哲学家与动物》（*Un animal, un philosophe*）一书中指出："在开始'思考动物'之前，我们其实就和动物（也许除了最具野性的那几种动物之外）有着简单、共同的相处经验，并与它们架构了许许多多不同的关系，从猎食关系到最亲密的伙伴关系。……哲学家只有在他们就动物所发的言论中，才能显现出其动机的'纯粹'。"他进而认为，对于动物行为的研究，可以帮助人类"看到隐藏在人类行径之下以及在他们灵魂深处的一切"。马吉欧里在这本书中，还选取了"庄子的蝴蝶"一则，来说明欧洲以外的哲学家与动物的故事。

五

很遗憾的是，这套丛书的作者，大都对东亚，特别是中国有关动植物丰富的历史了解甚少。其实，中国古代文献包含了极其丰富的有关动植物的内容，对此在德语世界也有很多的介绍和研究。19世纪就有德国人对中国博物学知识怀有好奇心，比如，汉学家普拉斯（Johann Heinrich Plath, 1802—1874）在1869年发表的皇家巴伐利亚科学院论文中，就曾系统地研究了古代中国人的活动，论文的前半部分内容都是关于中国的农业、畜牧业、狩猎和渔业。1935年《通报》上发表了劳费尔（Berthold Laufer, 1874—1934）有关黑麦的遗著，这种作物在中国并不常见。有关古代中国的家畜研究，何可思（Eduard Erkes, 1891—1958）写有一系列的专题论文，涉及马、鸟、犬、猪、蜂。这些论文所依据的材料主要是先秦的经典，同时又补充以考古发现以及后世的民俗材料，从中考察了动物在祭礼和神话中的用途。著名汉学家霍福民（Alfred Hoffmann, 1911—1997）曾编写过一部《中国鸟名词汇表》，对中国古籍中所记载的各种鸟类名称做了科学的分类和翻译。有关中国矿藏的研究，劳费尔的英文名著《钻石》（*Diamond*）依然是这方面最重要的专著。这部著作出版于1915年，此后门琴－黑尔芬（Otto John Maenchen-Helfen, 1894—1969）对有关钻石的情况做了补充，他认为也许在《淮南子》第二章中就已经暗示中国人知道了钻石。

此外，如果具备中国文化史的知识，可以对很多话题进行更加深入的研究。例如中文里所说的"飞蛾扑火"，在德文中用"Schmetterling"更合适，这既是蝴蝶又是飞蛾，同时象征着灵魂。由于贪恋光明，飞蛾以此焚身，而得到转生。这是歌德的《天福的向往》（*Selige Sehnsucht*）一诗的中心内容。

前一段时间，中国国家博物馆希望收藏德国生物学家和鸟类学家卫格德（Max Hugo Weigold，1886—1973）教授的藏品，他们向我征求意见，我给予了积极的反馈。早在1909年，卫格德就成为了德国鸟类学家协会（Deutsche Ornithologen-Gesellschaft）的会员，他被认为是德国自然保护的先驱之一，正是他将自然保护的思想带给了普通的民众。作为动物学家，卫格德单独命名了5个鸟类亚种，与他人合作命名了7个鸟类亚种。另有大约6种鸟类和7种脊椎动物以他的名字命名，举例来讲：分布在吉林市松花江的隆脊异足猛水蚤的拉丁文名字为*Canthocamptus weigoldi*；分布在四川洪雅瓦屋山的魏氏齿蟾的拉丁文名称为*Oreolalax weigoldi*；分布于甘肃、四川等地的褐顶雀鹛四川亚种的拉丁文名为*Schoeniparus brunnea weigoldi*。这些都是卫格德首次发现的，也是中国对世界物种多样性的贡献，在他的日记中有详细的发现过程的记录，弥足珍贵。卫格德1913年来中国进行探险旅行，1914年在映秀（Wassuland，毗邻现卧龙自然保护区）的猎户那里购得“竹熊”（Bambus-bären）的皮，成为第一个在中国看到大熊猫的西方博物学家。卫格德记录了购买大熊猫皮的经过，以及饲养熊猫幼崽失败的过程，上述内容均附有极为珍贵的照片资料。

东亚地区对丰富博物学的内容方面有巨大的贡献。我期待中国的博物学家，能够将东西方博物学的知识融会贯通，写出真正的全球博物学著作。

2021年5月16日

于北京外国语大学全球史研究院

目录

肖像

你将不再为祸大地

一种正在消逝的动物

或许因为那双玻璃似的眼睛，那双有着黑色瞳仁的深棕色眼睛，这只安放在霍耶斯韦达市立博物馆（Hoyerswerdaer Stadtmuseum）玻璃橱窗里的动物总能让人想到狗。它想松开狗绳撒欢儿奔跑，想去叼起被扔出去的小木棍或者去做别的一些狗该做的事情；它支棱着耳朵，半张着嘴，翘着尾巴。它看起来那么兴奋，那么渴望。

1904年，一位柏林的标本师 —— 以前人们是这么称呼这个职业的 —— 收到一只从霍耶斯韦达寄来的死狼。他大概不知道，这种动物大多有着琥珀色的眼睛，这使得狼的目光多少带有些穿透力。这位标本师的桌上或许还曾放置过狮子和一些充满异国情调的小鸟。标本制作术在当时可是非常流行的，人们用这种方法把野生动物完好无损地保存下来，制作成家庭沙龙中让人惊讶的艺术品。标本师以前大概还没做过狼标本，因为这世上本就没剩下多少狼了。这只狼是1904年2月28日在劳西茨（Lausitz）的森林里被射杀的，它是六十年以来在这个地区发现的第一只狼。为此人们决定，把这只“萨布罗特之虎”（Tiger von Sabrodt）—— 人们首先推断那是一只老虎，或者是外逃的马戏团动物，而不是一只狼 —— 制作成标本。

早在四年前，守林人已经第一次意识到，在这片林子里还有别的什么在狩猎，因为他总能找到狍子的碎块。在那个多雪的冬季，杀死这么一头狼是他期盼已久的胜利。

那副动物标本首先被放在市政厅展出，1937年被移送到市立博物馆。在它的右边放着青铜时代的展品，左边则展出着一间20年代的厨房，人们似乎不知道该把它放在什么地方。它是多余的，是一场早已胜利的斗争中获取的战利品。玻璃罩上写着“劳西茨的最后一只狼”。德国到处都能找到这样的“最后一只狼”，它们大多来自19世纪，它们出现时，就已经是轰动一方的事件了。

时至今日，这只霍耶斯韦达的标本狼展现出了别的意义，这种意义并没有被写在那玻璃展柜上，但只要你站在那个展柜面前一会儿，你就能感觉到。今天，人们看到那柜子里的不再是一只“野兽”，不再是一只正如1904年《霍耶斯韦达地方志》（*Hoyerswerdaer Kreisblatt*）所描述的，终于“宿命降临”[1]的野兽，而是一只被无情地追杀的，只在很小的一块渺无人迹的地方挣扎求存的动物。

狼群首先回到了动物园。我和小朋友们一样站在它们面前，站在慕尼黑动物园欧亚狼（Europäischen Grauwölfe）巨大的圈养区前。一条水沟隔在它们和参观者中间，却并没有多少人去看狼，或许因为人们太熟悉这种小型野生动物了，他们太了解它了。大象有着大草原上特有的暗哑的表皮，站在那儿就像巨大的灰色石头。格陵兰海豹住在刚刚洗好的混凝土池子里，被水洗刷过的身体油光锃亮，那是为海洋而生的躯体。反观狼圈，则不过像是附近伊萨劳（Isarauen）的一小爿土地偶然被移放到了动物园而已。

这正好是让我着迷的地方。那里就是我周末散步途经的森林，只是在那里正好生活着狼而已。狼圈乍看上去总好像是空的，但假如你站在那里久一些，它们就会突然出现在你面前：两三只狼，它们目标明确地沿着水沟小跑着，跑个几米便又隐没到树丛中去了。人们看不见把狼圈围起来的栅栏，我想象着根本就没有这样的栅栏，狼群实际上是在进行

1 《霍耶斯韦达地方志》，1904.03.01。

一场只有它们自己知道目的地的远征，只不过恰巧经过这里看上一眼而已。

许多年来我丝毫没把慕尼黑动物园里的狼放在心上，直到90年代末第一次有消息传开，说德国重新有狼群出没了。一对夫妇和他们的孩子正好就住在劳西茨最后一只狼被射杀的那片森林里。他们完全生活在另外一个世界中：在这个世界，动物们的权益是被承认的，狼以及其他对人类产生威胁的物种的生存不应被打扰。动物们并没有变，变的是人类自己。大自然存在于外界，也存在于我们自己的头脑之中，如果说我们从中想到了什么，那更多的是我们想出来的，而非自然本身。无论如何，我们对于自然的想象给大自然中本来存在的东西产生了相当具体的影响。至少理论上人们都知道，要想继续在地球上生存下去，必须比现在更加谨慎地与这个星球以及上面的居民们打交道。

这种新型的人狼关系并没有开始多久——仅仅数年以前，人们还一直尝试着要把狼赶尽杀绝。这种灭绝政策在很大程度上取得了成功，19世纪的欧洲几乎没有狼的踪迹，在美国，这种情况甚至持续到了20世纪30年代。

这样的灭绝来自一项长期计划的完美实施：随便翻开一

本成书于16—19世纪的自然史书籍，你都能发现：如何成功猎杀一只狼是人们谈论或描述这个物种的时候必说的一部分。在很长一段时间内，起码在西方的文化圈子中，人们完全不可想象，接受狼也是上帝创造的生物。

康拉德·格斯纳（Conrad Gesner）为新时期定下了调子。这位瑞士人写下了第一本关于动物世界的专著。在他从1551年起陆续出版的著作《动物史》（*Thierbuch*）的前言中，这位颇具野心的文艺复兴学者写到，他希望以这本著作代替整个图书馆。凭借这本著作，他成功地在科学史上争得了一席之地。如今，他被认为是现代动物学的奠基人。“狼是一种强盗般的动物，会咬人也会吃人，几乎所有人都讨厌它，也都会避开它。”[1]在描述狼的章节，他这么开篇，以便接下来过渡到下个段落，讲人们该如何结果了这些讨厌的生物：“虽然杀狼并非随意之举，我们也并不是出于其利用价值而捕捉以及猎杀狼群的，但它们在其有生之年给人类和家畜们带来极大的危害，因此一旦发现狼的踪迹，便应立即毫不犹豫地予以猎

---

1 摘自康拉德·格斯纳：《从狼和狗说起》（*Von den Hunden und dem wolff*），柏林：2008，41页。原文引自康拉德·格斯纳：《动物史》（*Allgemeines Thierbuch*），1669年德语翻译版。

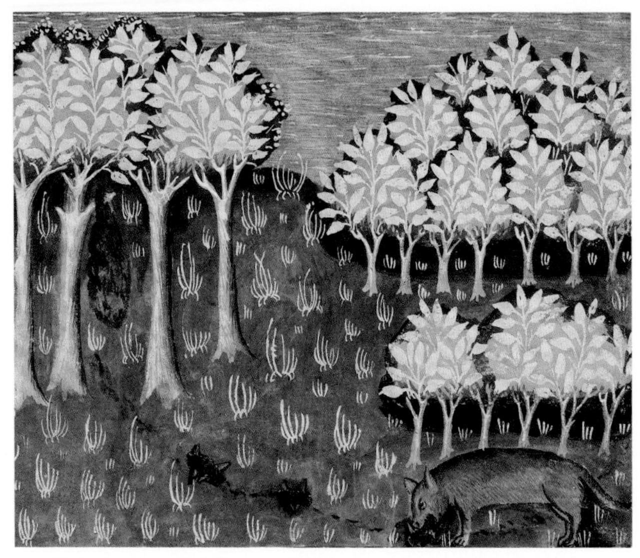

如何结果一头狼？ 15 世纪时的一条建议是：给狼埋下带针的诱饵

杀，无论是用工具或陷阱实现皆可，毒药、诱饵、陷阱、钩子、绳索、网兜和猎犬都是其中之选择，可以直接用箭射杀，也可以捕获而后处决。”[1]这是一份让人印象深刻的相当完整的方法列表，上面列举了人类从速度及效果多方面考虑的对付动物的一系列方法 —— 在人类通过枪械逆转了人和狼之间的力量对比之前，人类在这方面必须有些创造性。

---

1 摘自康拉德·格斯纳：《从狼和狗说起》，48 页。

当你愈发了解从中世纪至19世纪不断变化的灭狼术后，你会发现，人们对狼有某种程度的偏执，感觉到了最后，狼远远不只是一种偶然阻碍了人类的动物。灭狼成为一种强迫症，人们经常以一种得不偿失的方式送狼上路。人们挖下数米的深坑作为陷阱，用砖瓦加固，填入活的或死的动物作为诱饵并在其上铺上草盖，这样狼就会被引诱掉落进去。当然，有时也有人误踏进去。人们也会把带毒药的动物尸体放在野外用作诱饵，人们多用马钱子碱，一种从马钱子种子里提炼出来的烈性毒药。一旦吞下这种毒药，几秒之内目标便会悲惨地死去。另一种可怕的杀狼工具叫钓狼钩（Wolfsangeln），它们通常被藏在吊在树上的诱饵里，那么狼撕咬猎物的时候就会连带着把钩子一起吃下去。如果人们冬天在雪地里发现了狼的踪迹，就会带上长逾百米的网兜和猎布试图把狼包围起来。更有些不受欢迎的针对狼的追捕猎杀行动，这种持续多日的行猎通常出于权贵们的布置，且该地区的大多数居民都必须参与其中。

对于这种持续数百年无情猎杀狼群的原因，康拉德·格斯纳含糊其词，行动本身却被如此详尽地描摹下来。由此可以得出结论：狼最大的用处就是死。这样至少它不再造成危害了。

彼得·保罗·鲁本斯（Peter Paul Rubens）1616年创作的一幅画再现了一场真实的对狼和狐狸的猎杀行动。当时正是欧洲灭狼行动全速推进的时期

人与狼的斗争源于狼“对人类和家畜的伤害”。这种伤害从根本上破坏了约一万年以来人类与动物之间的关系。那时，人们开始驯养家畜，例如绵羊、山羊、猪和牛等。这些家畜可以说被人类从自然中剥离出来并纳入人类规定的秩序当中。自然对于家畜来说逐渐变成了花园、田地和牧场 —— 狼在这种情况下就成了危害因子，因为它会吃掉家畜并打破自然和圈养的界限。

只有在那些把自然和家养两个概念对立起来而且把界限划得分明的地方，对狼的厌恶才会如此强烈而纯粹。在诸如北美印第安土著这种狩猎社会 —— 当今人们很喜欢浪漫化处理印第安人与自然的关系 —— 人与狼的关系虽然也是相互竞争，但相互间是平等的：他们猎杀野生动物是为了生存。画家乔治·凯特林（George Catlin）专注于描绘白人殖民者定居美洲之前美国西部印第安土著的生活，在他的一幅画中，四名印第安人披着狼皮接近一群野牛。这是一个反转的“披着羊皮的狼”的意象：对于野牛来说，狼反倒比人类更可信。大型动物通常可以经受得起狼的攻击，因此用狼皮伪装自己的印第安人可以更加接近野牛群。这种做法是出于实用主义，但同时也反映出对其他猎食者的尊敬，因为他们

对于美国西部的野牛群来说，披着狼皮的印第安人就是一种“披着羊皮的狼”。野牛在面对人群的时候比面对狼群时跑得快

把自己伪装成对手的模样以提高狩猎成功的机会。

但单靠这种猎杀不会让狼进入濒临灭绝的窘境。狼群的灭绝源于人类侵占了它们的生存空间。从中世纪开始，中欧的地形地貌开始形成今天我们看到的模样——林地被大量开发并改造成耕地。森林被看作敌对势力，而开垦林地则是进步的象征。17世纪英国出版的一本诗词百科全书，里面把森林描绘为这样一种意象：可怕的、阴暗的、野性的、荒凉的、无人居住的、充斥着野兽的[1]。而人类踏足森林的唯一原因似乎就剩下狩猎了，这种狩猎是位高权重者独有的活动。在狩猎过程当中，狼是一种人人都可以诛杀的猎物，而猎杀其他动物则往往是贵族的特权。

在这种情况下，其他在森林中栖息的“野兽”陆续都迁徙到残存的野地去了，狼却适应了这种关系的改变。对熊和猞猁这两种几乎快要灭绝的欧洲本地顶尖肉食动物 —— 也就是说它们是处于食物链顶端的兽类 —— 来说，森林的逐步消失也宣告着它们的终结。而狼，这种在生物学家的口中被评定为机会主义者的生物，却留在了可给它们提供足够粮食的地方。狼作为危险又迷人的荒野的最佳代表，却恰巧很好地适应了荒野的逐渐消失。由于森林面积缩小了，而残存的森林中野生动物也逐渐变少，狼群自然更加接近人们饲养的家畜 —— 这又使得人们更加憎恶它了。

在康拉德·格斯纳的年代，也就是16世纪，灭狼行动风靡整个欧洲。而狼毫无用处的说法又符合了当时对动物分

1 参考基思·托马斯（Siehe Keith Thomas）:《人类与自然世界：英国 1500—1800 年的观念变迁》（*Man and the Natural World .Changing attitudes in England 1500—1800*），伦敦：1984，210 页。

类的潮流，这套分类标准把动物分为可食用的和不可食用的、野性的和温驯的，以及可用的和不可用的。狼是不可食用的——它的肉“又干，又柴，还发酸”[1]，格斯纳这么写道——狼也不是温驯的动物，从实用角度看狼的用处也不大，《动物史》一书中提到一些狼身体不同部位的混合物的用处，从今天的观点来看是值得怀疑的，比如书中提到把狼的肠子研磨成粉剂可以用于治疗肠胃绞痛。

虽然文艺复兴运动把人们从中世纪虔诚的象征主义中解救出来，人们开始对自然产生好奇并尝试掌握其独有的特质，当然这当中带有强烈的人文主义的烙印。在一个以人类为出发点进行思考的世界里，狼并不能得到许多辩护之词。

人们什么时候开始清楚地认识到，人类任何时候都不可以对一种动物赶尽杀绝呢？至少17世纪的一名医生兼自然哲学家约翰·布尔沃（John Bulwer）提出了这个问题。他自问：“人们有可能有权利把上帝创造的一个物种彻底毁灭掉吗？即使只是像蟾蜍和蜘蛛那种令人讨厌的物种？”[2]这意

---

1 康拉德·格斯纳：《从狼和狗说起》，49页。

2 约翰·布尔沃：《人类形态：人类变换或人文变形》（*Anthropometamorphosis: Man transform'd, Or, The Artificial Changeling*）第四卷，伦敦：1653。

“强盗般的动物，会伤人也会吃人。”看到这张图，人们起码更愿意相信这种说法

味着把上帝创造的链条去掉一环。这样的思想被记录在当时一本可称作非同寻常的书籍《人类形态：人类变换或人文变形》里，正如这本著作怪异的名字，它是由木版画构成的，在上面可以看到不同地区的人们会在自己身上进行什么样的改变：纹身、穿洞、脱毛等。布尔沃以此为素材完成了他第一个比较人类学的研究。他小心翼翼的措辞很难体现出他原来的想法是否已经能够达到思考动物灭绝问题的高度，但是人们能够看到一种建立在神学基础上，用来保存生物多样性的理论。可悲的是，在布尔沃写下这种现代思想的时候，他

所在的那片土地上早已发生了他所担心的事情：人类已经把狼杀绝了。在英格兰，最后一只狼在大约1500年便已经死了。

与之相反，历史学家基思·托马斯描述了一种自17世纪起对动物的敏感和关注[1]。这种思想的出现源自数目愈发庞大的家养动物，并且在1789年杰里米·边沁（Jeremy Bentham）著名的动物权益请愿中达到顶峰："问题不是'它们能思考吗'或者'它们能阅读吗'，而是'它们会带来危害吗'。"[2]这里其实存在着一个充满矛盾的感情世界：昆虫、有害的植物和凶猛的动物被远远地排除在新的道德思想之外。

从这种意义上说，直到康拉德·格斯纳三百年后的自然研究者弗里德里希·冯·楚迪（Friedrich von Tschudi），还在延续着"父亲格斯纳"的传统，对狼进行着令人印象深刻的愤怒痛斥。他在1875年的作品《阿尔卑斯世界的动物生活》（*Thierleben der Alpenwelt*）中写道："在动物个性的排行中它的地位非常低，即使在猛兽的排行中它也是最令人作呕的

1 基思·托马斯：《人类与自然世界：英国1500—1800年的观念变迁》，173—175页。

2 杰里米·边沁：《道德与立法原理引论》（*An introduction to the principles of morals and legislation*），伦敦：1828，236页。

动物之一。它穷凶极恶、争强好胜，即使面对最瘦弱的兔子也要穷追不舍。它阴险狡诈、背信弃义，在它们的身上丝毫看不到狮子的高贵品格，北极熊的可嘉勇气，棕熊的幽默天性以及狗的忠诚可靠。它们比狐狸更愚蠢，但却诡计多端、极不可信。它们冒失而狡诈，在它们身上没有一点闪光点，完全就是一种可恶的动物。”[1]狼群的讣告实际上已经贴出：1850年左右阿尔卑斯山北麓的狼已经消失无踪，欧洲大部分地区也是如此。在紧随其后的一百五十年间，狼群只能游荡在意大利、希腊、伊比利亚半岛和喀尔巴阡山脉地区。狼群没有灭绝，但却几乎消失无踪。

在另一片大陆上，这场斗争持续的时间相对还久一些。17世纪初期，欧洲人在一个探索阶段突然就与狼群短兵相接了，这一点非常具有启发性。在北美，狼是那看起来无边无际的未开发地区的一部分，对于从欧洲漂洋过海而来的拓荒者而言，这片土地就是在等着被他们开发。第一批拓荒者的朝圣行记，就流露出了某种程度的不安：这些新来的人要在这里建立他们梦中自由而虔诚的生活，就像在一块洁白画布

1 弗里德里希·冯·楚迪：《阿尔卑斯世界的动物生活》，莱比锡：1875，378页。

上作画一样，而这个地方想象中的原始状态，很可能会变成讨厌的样子。爱德华·约翰逊（Edward Johnson）是首批朝圣者中的一员，他以清教徒的视角，用干巴巴的语气写下了一份精确的纪实文件，他梦想着新英格兰的变化，那些“狼和熊生养它们幼崽”的“讨厌的灌木丛”，会变成“跑满了少男少女的……街道”[1]。这张愿景图并没有画在一张空白的画布上，而是一张已经存在的地图：而出于自卫心理，它被看作是具有威胁性的一片荒野，这其中当然也包括了生存在上面的猛兽——顺便提一句，熊在美国过得也没比狼好多少。

第一批损失很快就到来了：那些从旧世界引入的珍贵的家畜在这里无忧无虑地生长着，几乎都被放在众目睽睽之下。不久之后，从欧洲舶来的船只有机会也运来了钓狼钩和其他用于猎狼的工具。这场斗争开始了，持续了三百年的时间并最终留下了一个不可忽视的后果。当19世纪向西部的土地掠夺达到中部大草原时，斗争变得更加激烈。这一次，狼群被视作猎杀野牛的竞争者，这些野牛经常成群结队地穿越草原，它们身上的皮毛是它们成为猎物的原因。“狼人”

---

1 爱德华·约翰逊：《约翰逊奇妙的工作洞见，1628—1651》（*Johnson's Wonder Working Providence, 1628—1651*），纽约：1910再版，71页。

是专业猎狼者，就是负责清除狼的人，为此他们有时在传说中被塑造成了凶残的形象。后来人们逐渐选择用陷阱代替毒诱饵将狼困住，捕猎者之后再用别的办法处死它们，有的让奔马拖死，有的让马群撞碎，狼群被送入火焰之中。

有趣的是，欧洲狼和北美狼的遭遇在两个方面颇为相似：与在欧洲一样，人们都想除去狼，且在很长一段时间内，根据不断变化的观点，狼都被遗弃在自然之中。当年轻的国家正致力于寻找自我认同的时候，美国18世纪繁茂而辽阔的大自然被提升为这个国家决定性的成分以及自我意识的源泉。这却导致了一些奇怪的现象：美国总统托马斯·杰斐逊（Thomas Jefferson）和法国自然学者乔治-路易·勒克莱克·布封（Georges-Louis Leclerc de Buffon）曾在“哪个大洲拥有最大的动物”这一问题上发生争论。这场争执于1787年，随着一条散发恶臭的、逐渐腐化的驼鹿尸体运到法国而终结。[1]高大强壮的动物也被归类到美国的自画像中。但狼却不在其中。19世纪，当第一座国家公园落成的时候，这片区域却并非这片土地上所有居民的栖息地：狼可以继续被射杀。

---

1 参考李·阿兰·杜嘉德金（Lee Alan Dugatkin）：《杰斐逊先生和巨大的驼鹿》（*Mister Jefferson and the Giant Moose*），芝加哥：2009。

只有死狼才是好狼：20 世纪 20 年代的美国，人们如此认为

曾经，美国也生活着最后的狼群。正如在德国一样，它们的足迹延续至今，它们并非是在玻璃陈列柜中作为标志的标本。美国人用他们真实的感觉为最后的狼群起了名字：老左、老矮脚虎、三趾、大灰狼，好像这样这个故事就会变得好一点。它们通常为陷阱所伤，但又都得以逃出生天，20世纪10年代或20年代，它们蹒跚游荡在北美大草原上，直至死亡降临。在蛮荒西部的法外之地，故事必然如此，但是作为补偿，还是可以加入对对手坚强和勇气的赞美。

或许从名字中表现出的敬意，预示着人们开始用一种新的思维看待这个百年对手，这个已经被彻底征服了的对手。是时候为狼书写新的故事了。但是这些还是要先写下来的。

对狼的恐惧和逃避

如何黑化一种动物

当小红帽在食物篮里除了酒和蛋糕外还放了一把尖刀的时候，我们就知道，这一次童话故事的走向会与以往不太一样。事实上，在安吉拉·卡特（Angela Carter）的故事《与狼为伴》（*Die Gesellschaft der Wölfe*）[1]的结尾，祖母只剩下一堆骸骨，在床底咯吱作响，而小红帽则赤裸身子放松地躺在床上，睡在狼的怀抱里。在这个新故事里，格林兄弟在原作中塑造的拯救者和重修规则的猎人并没有出现——小姑娘用自己的方式进行了清醒的自救。20世纪70年代末，安吉拉·卡特这版小红帽面世的时候曾惹怒了许多人，一些女性批评者认为，这篇故事表现了在童话和在色情文学中暗含的对女性的歧视。为了不被吃掉，小红帽竟与狼同床共枕：这种情况只有在贴上性别歧视标签的时候才说得通。

安吉拉·卡特这篇短篇小说还可以这样解读：这个故事

1 安吉拉·卡特：《与狼为伴》，选自《染血之室与其他故事》（*Blaubarts Zimmer*），赖恩贝克：1985。

凶恶的狼？无助的小红帽？事情不总是这么简单。这两个形象似乎都被贴上了固有的标签

可以看作是和读者的期许玩了一场优雅的游戏，读者们都相信，他们要读到一篇关于青春无辜的少女和穷凶极恶的大灰狼之间发生的故事，而这篇小说却恰恰提醒着读者，童话已经变了。卡特不仅改变了格林兄弟那住在乡村边缘温馨小屋里的小红帽，还改变了他们的前任们。《格林童话》（*Grimms Hausmärchen*）里面那些乖顺的小孩总是走上了草原上的小路，然后导致一系列意外后果，最终还是回归美德和顺从。这些形象的原型是几个和狼建立了重要交往的聪明少女，和这种最终会变得可怕的令人不安的东西在一起，人们还完全没有意识到他们面对的是什么：一只狼，或许不仅仅是一只狼，它既是狼也是“某人”（Wer）—— 古高地德语中就是指“男人”（Mann）；也就是“狼人”（Werwolf）。小孩子们很可能会从某个源自法国口口相传的童话中认识到这个形象，随着时间的推移，这样的童话变得具有教育意义，并被写入教材。

那些在法国从16、17世纪起代代相传的故事里的聪明女孩数百年后在安吉拉·卡特的故事中复活了，这些女孩也遇上了狼人，而在卡特的故事中这个狼人一开始还化作一个英俊的猎人：早期的小红帽们，当然她们一开始并不叫这个名字，在祖母家中一件一件脱掉身上的衣服并把它们投入火堆烧掉，因为她，以及那个狼人，都不需要有衣服。他伪装成她的祖母，她赤裸着爬上他的床，然后说自己想去外面上个厕所。狼人以防万一在她脚上绑了绳子，她把绳子系在树上，然后逃跑了。这个小女孩懂得自救，她拥有并且需要这些生存能力，这样才能在这个农业社会继承老一辈的位置 —— 老一辈就是她的祖母，而取代的表现形式是利用狼事先存放在柜子里的一块肉和一瓶血。小女孩在不知情的情况下吃了肉、喝了血，以一个吃人的行为，再次强化了孙女取代了祖母位置的主题思想[1]。

这只狼也是艰难的农村生活的一个代表，那些口口相传的风俗都来自于此。在这个世界里，狼对农民而言是真实存在的危险，而狼人则毫无疑问更是真真正正的威胁。这只狼还不能参与到道德教育中，直到在夏尔・佩罗（Charles Perrault）和格林兄弟这些野心勃勃的童话作家笔下，他才开始在教化中承担起任务来。

佩罗是17世纪的法国宫廷诗人，从小便熟知这个故事。

---

1 这个童话起源于一段口口相传的故事，故事里出现了狼人。玛丽安娜・朗夫（Marianne Rumpf）在其 1951 年的论文里推断出来的：《小红帽：一份童话对比研究》（*Rotkäppchen: Eine vergleichende Märchenuntersuchung*）。

他写下这个故事，改编成适合当时小孩子形象的童话：一个具有可塑性的东西是必须被引导到顺从和自制中去的。他把这篇童话命名为《小红帽》（*Le petit chaperon rouge*），在这篇童话中，小女孩躺在狼面前，自己脱去衣服 —— 连同那顶佩罗赋予她的红色的帽子 —— 然后被狼吃了。故事结束。没有诡计，没有逃脱，也没有救赎，只有严厉的教训，教育孩子如果不听家长的话，很快就会丢了小命。

在一百多年后的19世纪初，狼第一次进入了德国的童话世界，时至今日，它的形象依旧是这么糟糕。格林兄弟剥除了在佩罗的版本中那些情色的内容，给故事重新编了一个美好的结局并最终把小红帽塑造成一个无助的儿童，她强烈地感受到了自己偏离正确道路后带来的严重后果。一开始，她还很清楚自己的责任，然后被狼引诱到草地上，穿过森林，专心致志地采花，而此时狼已经把祖母吃掉了。在小木屋里，小红帽也被吃掉了，这一次是穿着衣服的。故事的最后，祖母和小红帽被猎人拯救，一身脏污地爬出了大灰狼的肚子。

小姑娘的行动力和创造力在口述传说中都不见了踪影 —— 传了许多代之后，直到安吉拉·卡特的版本中她才重新被赋予这些能力。在这一版故事中，卡特的小红帽成了狼的帮凶，她不仅拯救了自己，同时也拯救了狼。小姑娘不知羞耻的行为揭示了一种一致性，几百年来关于邪恶的狼的故事都是建立在这个一致性上 —— 这些故事也鼓舞了在现实世界中摆脱狼的愿望：对于人类来说，狼在人类世界中扮演着一个无意的帮手的角色，在这个世界中，它们永不停歇地，通常还伴随着痛苦地尝试证实自我，创造规则。狼代表着对立面，黑暗面；它代表着人类不愿到达且不应到达的地方。它们是人类区分温暖的内部社会和敌对的、充满威胁的、不可捉摸的本能的外部自然的界限。

它野性的一面因其偶尔在不被允许的情况下偷偷潜入人类的生活而愈加显得可怕。“对狼要保持畏惧，尽量避开它们，因为 —— 最糟糕的是 —— 狼的表皮下隐藏着更多的秘密”[1] —— 在安吉拉·卡特的故事里出现的这句话精确地总结了欧洲从中世纪后期起人们对狼的感情。狼人的出现使得狼最终被拉到恶的一面，得出这个结论的时间点可以说是相当确定的：1487年，一名多明我会修士完成了一本著作，把它命名为《女巫之锤》（拉丁语：*Malleus maleficarum*，德

1 安吉拉·卡特：《染血之室与其他故事》，179 页。

语：*Hexenhammer*）。这是歧视女性历史上的一座“里程碑”，是每个16、17世纪进行过女巫审判的法官都应该知道的一本著作。书中提到，一般来说证实了女人的不忠，就可以作为女巫审判的法律基础，也可以读到些具体的事例，例如关于“梅尔菲森特”（Malefica）这样的女魔鬼们，她们能召唤冰雹和风暴，或是把男性的阳具变走。而针对人是否可能变成动物这个问题——又或者说在狼的表皮下隐藏着更多秘密这一说法——书里花费了整整一章来阐述。

在位于菩提树下大街的柏林国家图书馆（Berliner Staatsbibliothek）里收藏着早期版本的一本《女巫之锤》，人们可以把它从档案馆的深处借出来。这本书厚得像一块砖，虽是皮质的硬皮精装，但外壳已经风化，它被锁在一个定制的篮子里，里面铺设着亚麻布，好像来自另一个时代的邮件。那把锁开始有一点卡，然后才弹开来。或许这把金属锁已经有些不听使唤了，毕竟这书五百年前就已经被放置在一所修道院图书馆里了，很可能是埃尔福特的奥斯定会修道院，因为书的第一页留下了他们一条手记。或许有许多修士也曾读过这条笔记，他们在布满紧密的圆哥特字体书页间也曾轻轻留下自己的草图和手记。其中有一幅图画的是一个孕

这里并没有捕获狼，而是一个装扮成狼人的女巫——画作来自汉斯·魏迪兹（Hans Weiditz），1517

妇，她肚子里的孩子头上长出了魔鬼的角。特别是在这些段落就会有一些人伸出长长的食指画出句子和段落，就像今天人们用荧光笔做标记一样。

这些过往读者的痕迹就像一扇扇通往过去的小门。它们仿佛超出了书本身的意义，这些古书是连接那寂静的修士房间——在那里，人们为了防盗把书用链子穿在一起，人们今天还能看到当年放书的位置——和明亮的古籍阅读室——在21世纪，这些古籍被看作是图书馆馆藏里最古老和最珍贵的资料——之间的通路。或许因为那些笔记证明了人们曾一度弯腰弓背地坐在这些厚重的书籍前一页页翻阅着，并在需要特别注意的地方做上工整的笔记。好像那些遥远的读者刚刚放下笔，人们就把一部分他们既令人感动又痛苦不幸的努力、规则和意义带到了这个世界。这些被深入学习的拉丁语文章导致了16、17世纪在欧洲数以千计的人死于酷刑和火刑，这是多么悲惨的事情啊！这引起恐慌的混乱被归咎到其他的原因上去。夭折、谋杀、歉收：那都是魔鬼，而魔鬼的同盟则混迹在人群当中。这就让人们开始描绘邪恶的角色——比如"梅尔菲森特"，而对于男性角色来说，则多数使用狼的形象。

"女巫是否可以操纵人类并用幻象把人变成动物的模样？"[1]这是阐述这个主题那一章的大标题。接下来是散漫的讨论，最后的结论提出了一个挑战。人们需要在不违反教义的前提下证明人转化为动物是可能的，因为只有上帝才是真正的造物主，而他的对手，魔鬼，则不是。

经过冗长的争论，最终给出的结果是：那是错觉。出

1 海因里希·克雷默《女巫之锤：带评论的新译本》(*Der Hexenhammer. Malleus Maleficarum,kommentierte Neuübersetzung*)，慕尼黑：2000，428—430页。

生于阿尔萨斯的多明我会修士海因里希·克雷默（Heinrich Kramer），亦即《女巫之锤》的作者，非常确信，“魔鬼可以骗过人们的眼睛，所以他们可以把一个真实的人变作动物的模样”[1]。魔鬼的法力无法把一个人真正变成一只动物，但他们可以让别人相信他们能做到：他们利用他们的人类帮凶和一些随机的工具帮助他们实施恶行。

许多鬼神学著作的作者和举行狼人审判的法官都相信这一条论据，当然也会有人支持真正物理意义上的变身，就像后来许多狼人电影里详细展现的那样。在16、17世纪对女巫审判和狼人审判的全盛时期，出现了长篇累牍的尝试，试图把一些难以置信的事情变得可信。法官尼古拉斯·雷米（Nicolas Rémy）1595年写道：“不仅仅是外形上的变化，巫师们还拥有了动物的特质和属性，他们似乎完全变身了。他们步伐很快，身体强壮，野性十足，喜爱嚎叫……他们作为野兽的特质远远压过了他们作为人类的力量和能力……因此他们能轻而易举地杀死地里体形最大的牛并生吞它们。”[2]

---

1 海因里希·克雷默：《女巫之锤：带评论的新译本》，277页。

2 引自夏洛特·F. 奥腾（Charlotte F. Otten）：《一个狼人读者：西方文化中的狼人》（*A Lycanthropy Reader. Werewolves in Western Culture*），纽约：1986，53页。

雷米的同事亨利·博古特（Henri Boguet），他是最无情的狼人迫害者之一，也提出类似的论据："是巫师自己本身在到处杀人，而不是变成一头狼，但他相信他这么做了…… 当人们问，巫师们变成狼的时候用什么工具杀人，我会说，他们有许多工具可以达成这个目的。有时他们就用刀剑，就像佩瑞内特·甘迪龙（Perrenette Gandillon）用伯努瓦·比多（Benoist Bidel）自己的刀杀了他一样…… 有条件的话他们也会把猎物在山岩石块上拖死…… 我从不怀疑，他们也会扼死受害者…… 此外，根据贾克斯·博格特（Jacques Bocquet）和皮埃尔·甘迪龙（Pierre Gandillon）的供述，他们要变身成狼的时候会涂抹一种特殊的药膏，而这种药膏是魔鬼赠与他们的。"[1]

亨利·博古特，法国勃艮第地区（Burgund）的法官，根据被告的供词完成了他的论证，而这些被告最终都被他处以火刑 —— 这已经显示了这整套思想的机巧之处：必须在认定被告有罪的情况下，提出这些问题才有意义。"不相信巫师的存在才是最大的异端（Heresis est maxima opera

1 原文为亨利·博古特：《关于人类变成野兽》（*On the Metamorphosis of men into beasts*），引自夏洛特·F. 奥腾：《一个狼人读者：西方文化中的狼人》，85 页。

maleficarum non credere)。”《女巫之锤》如是说。而在酷刑的折磨下，似乎大多数的被告都坦承了他们的罪状。博古特提到的贾克斯·博格特1598年“充满悔恨地”死在火刑架上。根据审判的说法，他被怀疑是巫师的时候是一名巫医兼乞丐，根据他的供述，他不仅用一种魔法药粉杀死了家畜，也制造了冰雹，毁掉了庄稼收成，甚至还能变身成为狼人。一名叫佩瑞内特·甘迪龙的女性不久之后被控以狼的形态杀死了一名叫伯努瓦·比多的15岁少年，据说她会变成一只无尾狼，后爪看起来就像人手一样。她后来被处以石刑（用石头砸死），而她的兄弟皮埃尔·甘迪龙也在他的农舍被捕了。在审讯过程当中他承认，自己曾多次以狼身杀死居住在附近的儿童，并经常参与女巫会，在会上，以山羊形象出现的魔鬼会亲吻他们的臀部，并赠予他们狼皮和一种药膏给他们用于日后的变身。甘迪龙最终被烧死在市中心广场上。[1]

四百多年前，这3名来自侏罗山区（Jura）的村民就因这样匪夷所思的罪名被杀害了。这是成百的案例中的3例，当

1 对审判的描述引自罗尔夫·舒尔特（Rolf Schulte）:《巫女大师：1530—1730年旧帝国猎巫中的迫害》（*Hexenmeister. Die Verfolgung von Männern im Rahmen der Hexenverfolgung von 1530—1730 im Alten Reich*），伯尔尼（及其他）: 2001，24—26页。

对那些嗜血成性的，不必抱有同情，这幅《不列颠最后一只狼》（*Letzten britischen Wolfs*）的插图似乎想说这个。该画是 1903 年某册书的插图

代21世纪的读者被淹没在这些事例中一阵眩晕，人们要在天衣无缝的控告和供词中寻找破绽，而它们后面可能闪现着真相：当时到底发生了什么？谁被谁杀了？他们跟真实的狼有什么关系？

如果人们读到有关这些案例和别的一些有名案例的论文——比如在科隆附近的贝德堡，彼特·斯通普（Peter Stubbe）以狼身残忍地实施了多起谋杀，整个欧洲都通过宣传册知道了他的故事——都会得到这样一个印象：关于狼人的研究也不好做啊。

能确定的是，只有那些有狼的地区才会有狼人传说，比如法国、德国、瑞士。而在16世纪狼就已经灭绝了的英格兰就绝少有狼人传说能流传开来。

还能确定的是，狼人的行为和真正的狼不是完全吻合的。狼很少攻击人类，那么，这些“狼人”有可能实际上是狂犬病人。无论对人还是动物，狂犬病至今仍属于致命的疾病，而16世纪时，欧洲经常暴发这种疾病。得了这种病的动物都很躁动不安，无所畏惧，它们会接近并咬伤人类。很可能正是这种得了狂犬病的狼使人们更确信被魔鬼改造的狼人的存在。还有一种可能性，就是部分被告者也患有这种致命的疾病，其临床表现为狂躁多动、出现幻觉，以及极度痛苦的癫狂，从而引发狼嚎般的声音以及攻击他人的行为。

人们还尝试过给狼人案例找一个可靠的医学解释：比如一种叫紫质症的可怕的疾病，得了这种病的人会对光线非常敏感，他们的牙齿会变成红棕色，他们的牙龈会逐渐脱落；或者说服用了致幻剂——例如LSD（麦角酸二乙基酰胺）——的人会觉得自己身上长出皮毛，变成一头狼，别的一些疾病例如精神分裂症或者脑部的其他疾病也会导致这种症状[1]。

以上所述阐释了一部分让人恐惧的狼人故事的缘由，但并不能解释这些案例的数目为何如此巨大。

对此更具启发性的一点在于，那些被认为能转变成狼人的人，通常都是该地区那些不被承认的公民。他们通常都是独居者、巫医、外来客、最穷的农民（例如上文提到的皮埃尔·甘迪龙，根据法官博古特的说法，当他从自己的农舍里被捕的时候，他已经“完全走样”，以至于“完全不成

---

1 参考荷马云·西德奇（Homayun Sidky）：《巫术、狼人、药品和疾病：一份关于欧洲猎巫行动的人类学研究》（*Witchcraft, Lycanthropy, Drugs and Disease. An Anthropological Study of the European Witch-Hunts*），纽约：1997，244—246页。

人形”了[1])。很可能只是高强度体力劳动的痕迹，就被视作是指控那些好人的进一步证据。那些人无论如何都是生活在村子边缘的人，现在有机会摆脱他们了。有个干净利落的法子：把在人类群居生活中难以忍受的黑暗面，例如背信弃义、复仇欲望、蠢蠢欲动的杀戮念头，嫁接到本来就被厌恶的狼的身上，人们就可以避开那个让人恐惧的问题，那就是人类自己身上很可能还存在一些本能的天性。

狼人审判是一种净化的方法，通过这种方法基督教社群可以除掉威胁，建立道德体系，同时使人遵从这一体系——因为每揭发一个狼人，就能更加确认魔鬼也在积蓄力量。

长期以来，基督教教会都在创造图画和故事，把狼，或者说狼人，塑造成把邪恶散布到人间的帮凶。他们不仅吸收了动物变形这一古老的题材，狼也算得上是《圣经》里一个为人熟知的形象：它使基督教思想史中那牧羊人和羊群的核心图景变得完整，从此以后它就成了为祸者的代言人。狼作为一个阴暗的对立面突出了羊作为无助的忠实追随者的光

1 引自罗尔夫·舒尔特:《巫女大师:1530—1730年旧帝国猎巫中的迫害》,24页。

披着羊皮的狼被处以公正的惩罚，弗朗西斯·巴洛（Francis Barlow）1687年所作的木版画

辉形象——耶稣则作为一名引领羊群前进的牧羊人，保护这些虔诚的基督教教会不受到敌对势力的侵害。根据耶稣的预言，若是他不在了，假先知就会有机可寻，入侵到信众当中："我知道我去之后，必有残暴的豺狼进入你们中间，不爱惜羊群。"[1]在"山上宝训"（Bergpredigt）这一章节中，狼不再只是一种强盗般的猛兽（这样的掠夺只是出于生存必需而

1 保罗向以弗所的长老告别，《使徒行传》20章，29节。

已），而更被赋予了阴险毒辣的性格："你们要防备假先知，他们到你们这里来，外面披着羊皮，里面却是残暴的狼。"[1]这些话语让人联想到那些令人不安的、关于变身的题材，每当人们想到狼的时候，脑中总会浮现出这些题材来：他们是羊还是披着羊皮的狼？他们是人还是狼人？这些猛兽般不受待见的生物是还徘徊在外，待在他们本该待着的地方，还是已经悄无声息地混入到人群里了呢？

远在教会把狼人纳入他们的视线范围之内并让他们完全成为入侵基督教信众的象征以前，变身的思想就已经是一种定义在人类行为中打破界限的方式。在其他的文化里也存在着不同的兽人形象，人们通常会采用那种让人产生恐惧的动物作为他们兽的一面。在欧洲人们则选用了狼这种与人类之间有着比别的猎杀者更多交集的动物。古罗马诗人奥维德（Ovid）的《变形记》（*Metamorphosen*）是最出名的一本关于变身的故事集，其中就已经有狼变成人的故事记载。吕卡翁（Lycaon）是阿卡迪亚的国王，在宙斯变成人身到访的时候因招待不周惹怒了宙斯，于是宙斯就把他变成了一只狼：

1 "山上宝训"，《马太福音》7 章，15 节。

> 吕卡翁本人惊慌逃窜，逃到静谧的荒郊放声大叫，想说些什么，却说不出话来，他的嘴边不由自主地聚起白沫。由于嗜杀成性，他又去抢夺羊群，以屠杀流血为乐。他的衣服变成了毛，他的两臂变成了腿，他变成了一头狼，但还保存一些原来的形迹：还是灰白的毛发，凶恶的脸面，闪亮的眼睛，兽性的形象。[1]

这场变形在一定程度上表现出了一些既定的狼的特性：吕卡翁这个名字来自拉丁文的“东加拿大狼”（Canis lupus lycaon）一词，从外形上这似乎与国王的行为，他的弑杀和好斗相符。长久以来，人类为了生存需要杀死某些动物，就会把一些它们本不具备的性格特征强加到它们身上，通过这样的方式，使得令人不安的人类行为世界变得简单一些。

在人类社会的边缘需要有这些混血生物的存在，文化学者约瑟夫·福格尔（Joeph Vogel）和埃舍尔·玛塔拉·德·玛扎（Ethel Mtala de Mazza）如是说，因为“这

1 奥维德：《变形记》，第一册，233—239 行。（参考杨周翰翻译，人民文学出版社 2008 年版。——译者注）

阿卡迪亚的国王吕卡翁，通过一种让人印象深刻的方式学到了——不能惹宙斯生气：他被变成了一头狼

些同质化结合体是人类在社会中纠结的自我的镜像”[1]。在北欧地区，早在中世纪早期的判例中就已经存在这样的混种生物，在这些地区，那些因犯罪而被逐出社群的人被称作“vargr”，也就是狼。在与野生动物共存的荒野中，他们会把社会的空间界线划得非常分明——这条界线在数百年前曾被诸如狂战士（Tieren der Wildnis）这样的部落打破过。这些喜爱战争的群体，他们众所周知的狂暴直到今天还流传于世，人们事实上要把他们假想成释放了天性的人群，他们活在所有的规章制度以外，弑杀而充满侵略性。另一些人则通过披上熊或狼的皮毛来释放这种杀戮的天性：只要在外形上变成一只猛兽，就没什么能妨碍他们像一只猛兽那样行动了。[2]

许久之后，人们再次在一个叫“狼人”的半军事化组织找到了这样游离在制度之外的自我认知，那是一个与狼群类似的小股人马纠集在一起的好战团体。1944年，海因里

---

1 约瑟夫·福格尔和埃舍尔·玛塔拉·德·玛扎：《公民与狼：政治动物学的尝试》（*Bürger und Wölfe. Versuch über politische Zooogie*），选自克里斯蒂安·盖伦等（Christian Geulen et al.）：《从敌对的罪恶开始》（*Vom Sinn der Feindschaft*），柏林：2002，207—217页。

2 参见米尔恰·伊利亚德（Mircea Eliade）：《达基亚人与狼》（*Die Daker und die Wölfe*），选自其作品集：《从查摩西斯龙到成吉思汗》（*Von Zalmoxis zu Dschingis-Khan*），法兰克福：1970，11—29页。

希・希姆莱（Heinrich Himmler）呼吁"德国边境的反抗运动"需要通过游击战遏制盟军的推进。不久之后约瑟夫・戈培尔（Joseph Goebbels）把每一个德国人直至"自我毁灭"的战斗解释为新的作为狼人的前提。"厌憎是我们的祷词，复仇是我们的号角"，1945年3月戈培尔如是对假想中的狼人品质这样起誓："狼人们自己组织法庭并决定自己的生死。"[1]

在这个时期，其他国家那些真正的狼反而第一次得到了描画自己形象的机会，而不仅仅是帮助人类把自己的形象尖锐化。它们一直以来所期盼的，现在终于实现了：狼成为了科学研究的对象。

1 约瑟夫・戈培尔 1945 年 4 月 1 日的广播讲话《狼人》（*Werwolf*）。

和安法在花园里

狼与科学

当阿道夫·默里（Adolph Murie）乘坐的雪橇踏上回程，把他一个人留在阿拉斯加中央崎岖的麦金利山国家公园（Mount McKinley Nationalpark）时，周围一定是一片寂静。第一天，他在春天浅灰色的山前看到了野生的白山羊，还在覆盖着残雪的地面上找到了他认为是狼的排泄物的痕迹。它们一定在什么地方。那是1939年4月，年轻的动物学家被国家公园派往美国最人烟稀少的地方之一执行任务，在这个地方必定还有狼出没。前一段时间它们的数目在国家公园似乎有所回升，而他则必须去查明，这对于在当地生活的山羊意味着什么：羊的数目会变少吗？人们是否应该再次进行大规模的捕狼呢？

默里装备着望远镜、滑雪板和可卷户外床垫追踪动物，如他日后所记录一般，为此他在头半年就走过了1700英里（1英里等于1.609344千米），与此同时，还有另一位年轻的动物学家鲁道夫·申克尔（Rudolf Schenkel）在巴塞尔进行

狼跑出埋伏点进攻，1901 年的画师这样想象着。事实却并非如此

着对狼的研究，他们并不一定是要通过这些研究有效地改变狼的地位。鲁道夫·申克尔那些年来观察的动物被安置在一块200平方米一览无余的驯养区里。

美国人阿道夫·默里和瑞士人鲁道夫·申克尔都作为先锋进入到尚显年轻的狼研究史当中：他们以各自不同的方式，第一次有计划地投身于这种动物的研究中；他们开启了一项延续至今的工程，把狼从偏见、迷信和无知的丛林里带出，极大地缓解了它的灾难。

如果狼同样等着这些研究的拯救，当然也是一种错误。狼和科学的关系变得非常具有启发性，因为这种关系特别直观地展现了，当人 —— 以及这些研究 —— 观察大自然的时候发生了什么：人们总是关注自己，并且用自己的方式去解释这个世界。他们只能从自身的经验出发，对比动物的行为并把它们归类、解读，而这些研究总是从人类的视角出发。工具从一开始就受到限制，但这也是唯一可用的工具：这些观察一直是没有解释、没有相关规范的事实搜集 —— 他们的解读尝试着展现动物的本来面貌，却完全没有吸引力。当我们进行解释的那一刻，我们只是在进行所谓的创作。

人们或许会说，早期的自然科学家们用这种拟人化的视角如此随意地对待世界上的其他生灵，也是难免的事情。而终究，这同样尚显年轻的行为生物学分支，这试图解开动物行为方式之谜的生物学学科，却证明了所有生物的行动机制都是相似的。但即便如此，我们应该或者说必须在多大程度上进行对这些事实的解读呢？

行为生物学家尼古拉斯·廷贝亨（Nikolaas Tinbergen）强调："饥饿、严肃、愤怒和其他相似的东西都只能通过个人体验获得。而其他的主体，尤其是以其他方式呈现的主体，都能通过相应的主观状态进行类比来表达。"[1]他与康拉德·洛伦兹（Konrad Lorenz）和卡尔·冯·弗里希（Karl von Frisch）同为1973年诺贝尔医学奖获得者，为他们赢得奖项的是他们在行为学领域取得的突破性进展。这些结案陈词式的推断是最主要的功臣。康拉德·洛伦兹在这方面非常用心，并以其对动物行为直观把握的能力著称。

人们观察客体时越多地回想自身，就越会误入这个方向并以此进行解读——这就是狼的研究长期以来被误导的原因。从狼进入科学的视线以来，它就一直完全处于与人类

---

1 尼古拉斯·廷贝亨：《本能研究：对天生行为的比较研究》（*Instinktlehre. Vergleichende Erforschung angeborenen Verhaltens*），柏林：1964，1页。

的比较之中：它们是绝对的群居动物，从出生起就是家庭中的一个成员并遵从着复杂的规则。

不论是在阿拉斯加山岭中穿行的默里，还是观察圈养区中的狼群的申克尔，他们都致力于处理各式的社会行为。

申克尔的解读至今都非常流行——当然一定程度上这也是一个错误的胜利之路，这些错误给狼投下了一个虚假的影像。这里是“首狼（Alpha-Wolf）”这一说法的起源：首狼就是那头维护规则的，也在长期的权力斗争中争取到领导地位的狼。正如人们渐渐明白的，这个描述是错误的，但它顽固地存在于人们的思维中。

然而，在1944年，阿道夫·默里率先发表了他的研究。这篇文章起先是给美国内政部门发表的报告，却令人意外地具有描述性和大胆的解读。狼群被塑造成一个大家族，并且具有早期传统家族的角色分工。在狼群里有父亲，默里如是说，它“看起来比别的狼更严肃，但或许这只是我的想象，因为我知道，它肩负着家庭的大部分责任”。[1]狼群里也有母亲，它坚守在洞里和幼崽们度过了数个星期，而后终于第

1 摘自阿道夫·默里：《麦金利山的狼》（*The Wolves of Mount McKinley*），华盛顿：1944。

东加拿大狼和郊狼：这双近亲不仅看起来像，有时它们还互相通婚

一次走出洞外，它“四处奔跑着，就像它心情最好的时候那样，它非常高兴自己能和其他狼一起踏上征途”。

默里把观察狼群和成长中的幼狼的机会归功于运气：在他开始在国家公园度过隐居生活的第二个春天，一行雪地里的脚印把他引向一个洞穴，洞里，一只母狼正在生狼崽。他潜伏在附近，据他的记录，花了195个小时，用以前人从未使用过的视角观察这些狼的社会行为。他判断得没有错，在春夏两季，狼崽是整个狼群的中心，他惊讶地记录着，有5到7只成年狼定期到洞口给幼狼和母狼送食物。至于这些成年狼之间的血缘关系，在默里看来是个谜团。

在此期间，人们知道了一个狼群通常由一对父母和它们1到3岁的孩子们组成。幼狼通常会在两年后离开父母，开始寻找自己的伴侣并划定自己的领地。一个狼群平均由9到12只狼组成。这一年只出生了一只小狼，在第一年里，它的妈妈先照顾它，之后当这个先天失明的小狼离开洞穴后，其他的成年狼也会照顾它。照顾，意味着跟它玩，但也意味着给它觅食：如果幼兽舔着捕猎归来的狼的嘴巴，这些狼就会吐出部分吃下去的猎物喂给小狼。

对于他原本的题目，食肉动物及其猎物的关系，默里也进行了细致的追踪，如他自己所记录的，他为此分析了1174份狼粪样本——这是在德国重新开始启用的方法，用以研究重回大地的狼的食谱以及在这份食谱里家畜的排名（结论是：排名相当靠后）。他在里面找到最多的是羊毛和驯鹿毛。默里同时也研究了被捕杀的猎物的头颅，最终得出结论，狼首先会选择老弱的动物作为猎物——这个观点时至今日依然正确。默里的研究报告发表不久以后，国家公园就把它的“灭绝肉食性动物项目”停掉了。这是首次尝试去探索真实的狼，同时也收到了可观的成效：从此以后，狼在美国受到了一定程度的保护。

尽管有一些欢脱的拟人化，默里的许多观察结果时至今日依然会被专业文献引用。但他对狼群社会结构的解读却并不正确。

1946年，鲁道夫·申克尔提交了一篇动物学方面的博士论文，他还完全不知道他的美国同事发表的文章。这篇论文的题目叫《关于狼的表达研究》(*Ausdrucks-Studien an Wölfen*)，文章还有一个简明扼要的副标题《圈养观察》(*Gefangenschafts-Beobachtungen*)。申克尔对圈中多达10只狼进行了多年的观察并分析了它们的肢体语言。他得出的结论是：狼群里的生活就是在族群中争取地位的一场持续的斗争。无论在雄性还是雌性的狼中都存在等级划分。它们的目标是尽量在这个群体中取得高位。在严格的控制下，族群保持着有一只公狼坐头把交椅，在它身旁是一只最高位的母狼。这对首狼夫妻在向上攀登的过程中不仅攀上了族群的顶峰，而且拥有了“性权利”，只有它们有权利繁育后代。

申克尔还给那些规定它们互动的肢体信号绘制了草图并进行分类：从占支配地位的狼紧张时竖起的颤抖的尾巴，奓起的背部毛发，朝前竖直的耳朵，到被打倒的狼蜷缩的背，耷拉的耳朵和夹起的尾巴。

首狼是存在于这个世界上的 —— 而且它们还会建立自己的事业。第一批狼专家全身心地奉献给了狼，第二代狼类研究者作为他们的继承人，继承了这看起来可信的范式。

狼研究的历史也是一部只有寥寥几个男人的历史 —— 这一领域里的研究者大多都是男性 —— 他们把自己的一生都献给了这种动物。他们在冰冷的加拿大或阿拉斯加荒野，在那还生活着大量狼的地方，度过一月又一月；或者像德国的传奇人物埃里克·茨曼（Erik Zimen）那样，他自己养的一头幼狼把他家客厅的家具都咬烂了。这种研究是一种绝妙的体验，同时也被赋予了一些英雄主义色彩，选择这种研究的人，必须更深入地观察狼，而非用科学去理解它。“头狼（Leitwolf）”这个概念被长期沿用，不知是否因为这个意象能给雄性的自我形象提供丰富的身份识别可能性？

科学家们至少花了将近50年的时间才基本上弄清楚了狼群中支配与臣服的关系。怀疑的声音不绝于耳，直到1999年美国人大卫·迈克（David Mech）在学术期刊上发表了一篇文章。迈克是1937年生人，在狼研究领域中的权威地位至今还无人能撼动。在文章中他指出，“首动物”（Alpha-

通过尾巴和身体动作进行清晰的交流：
威风凛凛的（a），威胁性的（b），不确定威胁程度又激动的（c），较弱威胁性的（d），惊惶不安的（e）和被打倒的（f）狼

Tier）的表述不应该再被使用[1]。在一个自然形成的狼群中，起

1 大卫·迈克：《领头地位、支配与狼群中的分工》（*Alpha Status, Dominance and Division of Labor in Wolf Packs*），《加拿大动物学学报》（*Canadian Journal of Zoology*），77（1999），1196—1203 页。

埃里克·茨曼的表达模型。只有左下方的狼是放松的。从这只狼起：自下而上，越来越惊恐；从左往右，越来越具攻击性

主导作用的就是父母——而且它们对幼崽具有支配性。

在这期间，人们知道了一个狼群多数是由一个家庭延展开来的，而不是像长期以来认为的那样，互无关系的狼首先出于进行高效捕猎的原因组合成狼群。而在巴塞尔的圈养区里，在别的狼群研究中，由于圈养及其他的因素，狼群都不是自然形成的。

迈克对这些随意安置在一起的动物最终形成等级制度关系并不感到意外。在自然形成的狼群中，比如他在加拿大西北部长期观察的那些，就比申克尔和其他在他以后描述的那些狼群更加和平。只有在分配猎物的时候才会有支配关系的出现。其中最重要的，是保证幼狼有足够的营养。

从那时起首狼的说法在最新的科学文献中消失了。但在集体想象中这形象却依然存在——这是一个让人印象深刻的带有权力意味的形象，是一个把竞争对手咬死的领导者，人们对领袖人物的想象太美好，以至于无法给它打上一些生物性的底色。

并不是说申克尔的《圈养观察》是错的，而是他把野生狼群看作是等级分明的社团这种略显政治性的解读有问题。所有观察圈养动物的问题都在于，人类设定了它们的生活条件——这就已经可能对其行为产生影响。由于观察野生狼难度很大——它们本来数目就少，性格害羞且拥有广大的领地——研究人员就只能像先前那样经常观察人工饲养的动物。

在德国，上文所提到的埃里克·茨曼让这个理论众所周知。他用传统的方式，像他的榜样和老师康拉德·洛伦兹那样接近动物们。照片显示茨曼在他的狼中间，伸着脖子，闭着眼睛，噘着嘴巴，围绕在他身侧的狼也摆着同样的姿势——狼群在一起嚎叫。如果说洛伦兹是鹅的父亲，是新生的小鹅们破壳而出时见到的第一人，也因而成了母鹅的替身，那么茨曼就是狼的父亲。他爬行在动物园狭窄的狼洞中，抱出还未睁眼的小狼崽并用罐头养大它们。他的笔记读来就像一个闹哄哄的家庭里的日常琐事："我们的客厅一会儿又变得一团糟，达格马（Dagmar）的心情正应了这个场景。"[1]那是1978年，又有4只小狼搬进来和茨曼及其妻子一起生活。

成年的动物后来就被安置到圈养区里。与洛伦兹的观点相符，只有那些能够探知鹅之所以是鹅的内核的人，鹅群才会接受他作为一只鹅，茨曼认为他自己是狼群中的一员。80年代在巴伐利亚的森林，当他晚上从狼的圈养区骑车回他5千米开外的家时，经常会有狼在叫，而他也会做出回应。

1 埃里克·茨曼：《狼的故事：神话与行为》（*Der Wolf.Mythos und Verhalten*），法兰克福：1980, 77—78页。

有一次，在堪堪成功阻击了其中一只狼对他的攻击之后，他骄傲地大摇大摆走过了圈养区，并模仿狼们高傲的姿态。

在这种方法背后隐藏的问题是很明显的，对研究对象情感上高度的亲近就是其中之一。同时他还相信，很多行为方式不会因为动物是被圈养的或是野生的而发生改变。对于一部分他的狼之间的流血冲突，他当然也解释为等级秩序的斗争，这在自由的状态下也会发生 —— 这种行为并不是由圈养带来的结果。一定程度上人们认为在茨曼的日记里读到的那些攻击的规模很可怕，就像他写到1969年6月3只母狼打架的场景：

> 16：30：……这些狼都变得非常紧张。有小型的撕咬，嘶嘶低吼，在喉头发出声响等等。
>
> 16：40：突然，在安法（Anfa）发动攻击后，安法和安德雅（Andrea）打起来了。她们发疯似的互相撕咬……其他的狼继续疯狂地进攻。全情投入……
>
> 16：50：我终于成功把母狼们分开了。[1]

1 埃里克·茨曼：《狼的故事：神话与行为》，90—91页。

温顺的驯鹿，张牙舞爪的狼：摘自北美一本哺乳动物百科全书，1916 年

死亡的舞蹈：狼群在追捕一只麋鹿

埃里克·茨曼的经典著作《狼的故事：神话与行为》让全德国认识到首狼这一概念的错误。他深入地观察狼复杂的社会行为的视角到今天也都适用，不管是在电影里还是在访谈中，他永远也不会因描述这种社会行为感到劳累。茨曼成为了狼的辩护律师，他决意要为这种邪恶的动物洗脱那些老掉牙的罪名。在20世纪七八十年代，没有人会想到，不久的将来，在德国境内会重新出现野狼。2003年，埃里克·茨曼去世——他等到了他期盼已久的狼的回归。

过了好一段时间，观察野生狼才变得简单一些。人们

猎物尝试逃走，但通常都会失败

利用小型飞机和能给动物定位的发送器直接或间接跟随它们的脚步。这项技术使得视角变换成为可能：人们不再利用脚印、排泄物、猎物残渣等痕迹观察动物们曾经到过的地方，现在，人们可以跟着狼一起上路了。这项技术同时揭秘了狼的活动范围有多广大：每天行走25~50千米对狼而言是正常现象，它们踏着轻快的步子以8千米/小时的步速行进。这种游牧式的生活就是人狼之争的核心所在：它们也是猎人。

从空中拍摄的录像显示，狼群成纵队行进，一只跟着一只，它们步子很轻，笔直地朝前走着，后爪准确地踩上前爪留下的印记。这是向前行进的一种省力的方式，尤其是地上有积雪的时候。

从空中进行观察也能很好地看到捕猎的过程，这死亡的舞蹈总是分成相同的几幕：搜寻、追踪、相遇、赛跑。如果狼高度发达的嗅觉和听觉告诉它们猎物就在附近的话，狼群就会尝试着在不被发现的情况下尽可能接近猎物。到了某一个时间点，猎物们总会发现追踪者的靠近。猎物们于是会逃走 —— 也可能不会。后者更能提高其生还的概率。有蹄类动物，狼最常见的猎物，是绝对有发动进攻的能力的。如果一只动物决意要自卫，站在那里，那么狼似乎就要迅速地衡量一下性价比了：一次成功的进攻可以让它们获得够吃几天的食物，但被麋鹿的蹄子踢中，受伤可就严重了。与它的名声相反，狼并不是无情的猎人，它们实际上很富有策略：此时它们通常会中断捕猎。

而那些选择逃走的，通常都是弱者，这种情况下，狼群就会尝试去追捕猎物。这时候就开始了一场时间不长的短跑，狼在这时会用到它们唯一的武器：牙齿。狼牙可以承受巨大的重量，一旦狼咬中了麋鹿的腿，它们就能紧咬着一路跟随跑很远。与狮子或老虎不同，狼杀猎物的时候不依赖一击即中的攻击。猎物，尤其是大型猎物，死于身上的诸多伤口，其中獠牙发挥的作用首屈一指。

为什么狼要共同捕猎，原因似乎长期以来都非常清楚：人们相信，猎人越多，猎物就越多。但这是错误的。即便是一只单独行动的狼也有能力捕捉一只鹿或麋鹿，而两只狼也不会比一群狼少打多少猎物。事实上，狼群越大，每只狼分到的食物反而会越少。

形成狼群的原因在于，7个月到12个月的幼狼不能轻易地迁出——那时它们才刚刚长大——幼狼们在家里要待上两年，有时甚至三年或四年，这个问题在狼科学领域被经常讨论。人们当下可以粗略地以拟人化的方式总结出一个答案，这是一个家庭政治决策。只要有足够的大型猎物——那些是狼偏好的猎物——存在，那么就有足够的给后代的食物。那些食物残渣或者给食尸动物留下的，幼兽们也可以吃。从第一代狼群的活动范围可以看出，狼群大小和食物数量存在着一定的关联。在20世纪70年代的意大利，那里几乎没有多少荒野了；以及在以色列，在那里狼需要依靠小型动物和垃圾为生，狼群通常只由一对狼夫妻组成——幼狼们需要早早离开父母自寻生路。

然而，如果延长对二代的喂养时间，对一代而言，获得回报的可能性更大。而对于幼狼而言，跟父母待的时间长一些对它们也是有好处的——它们能一直待到它们寻找伴侣的本能驱使它们离开父母，让它们开始充满风险的寻找伴侣和领地的征途。

在一个扩展家庭中，叔叔阿姨们也承担着照顾幼狼的责任。它们对后代也表现出关心和爱护。狼一旦确定了自己的伴侣，就会时常待在一起。必要时，它们会非常强硬地维护自己的领地：经过了七十年的狼类研究，这种似乎一直藏在人们的有色眼镜后的动物，现在离人们相当近了。

就连狼嚎，数百年来被当作听觉上恐怖的代名词，既不是狼发起进攻的信号，也跟月亮没什么关系——它更多的是狼之间交流的一种方式。这种把头尽量后仰，嘴巴尽量张大而发出来的声音为远距离交流提供了可能性；在狼群的成员之间有自己的领区划分，狼群与狼群之间也要给出信号表明各自的领地范围。这种长长的、急切的声音能传出16千米远——这是对其他听觉、触觉、嗅觉信号的一个强有力的补充，狼群通过这种方式组织起它们的集体生活。

在整个研究当中几乎是最重要却是最少涉及的一部分

是气味，从气味里动物们可以像读一本书一样读到许多信息。性别、结伴的意愿、年龄、社会地位，所有这些都能通过腺体和排泄物的气味传达，狼们随身携带着这些信息，或者把它们遗留在领地边界，以此提醒别的动物。同种生物或者狼的猎食对象在2～3千米开外就能捕捉到这些信息。

我们对动物的理解反映出我们的感官如此有限，而气味世界是这个理论的又一个佐证。人类几乎不能进入这个世界，只能想象这个世界的丰富程度。人类的嗅觉实在太糟糕了。

狗最讨厌狼了

从近亲说起

当《野性的呼唤》(德文名：*Der Ruf der Wildnis*，英文名：*The Call of the Wild*)显然将要取得巨大的成功时，作者杰克·伦敦(Jack London)说，他承认自己是有罪的。他说他当时根本没有意识到，他写出了一个隐喻故事，反正他原先其实并不打算这么做。[1]这句话里面很可能带着一个作家的狂傲自负，此前他一直都为自己卑微的出身感到羞愧，却在4个星期之内——他花了4个星期写这本小说——突然之间获得了巨大的名誉和财富。杰克·伦敦一直在关注那些基础的事情，他想深入探讨存在的基础，想回答要如何面对19世纪末的飞速发展，想知道在荒野的生存经验是否能拯救他所感受到的作为文明人的软弱。出版于1903年的《野性的呼唤》其实在题目里就已经给出了答案。这部小说主要描写了一只狗被驱逐到荒无人烟的阿拉斯加以后的冒险经历，是

1 摘自厄尔·雷伯(Earle Labour)：《杰克·伦敦：一段美国生活》(*Jack London: An American Life*)，纽约：2013，173页。

一部真正的成长小说。

还有一个主题隐藏在小说主角的成长当中：小说以小狗巴克（Buck）的视角进行叙述，讲述了它回归野性原始——也就是重新成为一只狼——的道路。在小说的第一章里，巴克是一只备受宠溺的宠物狗，家在温暖的加利福尼亚，到了小说的结尾，它成为了高傲的狼群首领，它不再依赖人类，成为了一个猎手，“寻找活生生的肉”[1]。它听从自己内心不断增长的欲望，踏上了进入阿拉斯加森林中寻找狼，寻找它“荒野中的兄弟”[2]的旅程。

小说的结局是一个绝对的胜利。自然和文明的界限在狗的身体里消失了，杰克·伦敦这么断言，而这是可以进行推导的：即使在哈巴狗这种疲弱如当时社会的狗的身体里，也潜藏着致命却真实的生存本能的种子，而这种本能，对于杰克·伦敦而言，正是成为狼的决定性因素。作家本人作为一名淘金者、流浪汉和水手，非常热衷于尝试游走在文明和野性的边缘，在给朋友的信件中也用“狼”作为签名，他认为这是一个充满希望的看法。这不单单只对动物而言。

1 杰克·伦敦：《野性的呼唤》，慕尼黑：2013，128页。

2 同上注，117页。

1903 年，《野性的呼唤》作为一本连载小说面世，其后获得了世界性的成功，这本小说讲的是一只狗发现自己身体里的狼性的故事

那野性的，有时还非常警觉的狼偏巧有这么一个近亲，它们给人类世界带来的舒适是别的动物都比不上的，这在动物驯养历史上可不仅只是一个可爱的趣闻那么简单。狗和狼是相爱相杀的一对：在文学上、科学上、犬类驯养上以及意识形态上它们一直而且以后也将一直携手出现。狗是一种游走在边缘的生物：它在人类走向定居生活、建立文明的道路上一直相伴而行，在此过程中它们又恰好被派作猎犬或看家狗，负责守卫在人类和大自然之间的界限上。在同一种动物身上总是有不同的特质出现——就看是从希望还是威胁的前景来看了。

如果狗和狼在一起，首先会出现什么呢？这两种动物可以通婚并产下后代，这是人们很久之前已经知道了的，16世纪时，康拉德·格斯纳在其《动物史》中可以说充满柔情地写道："狗和狼有时也会进行交配……这样会生出非常勇敢又漂亮的小狗。"[1]

杰克·伦敦非常赞同这个观点。在《野性的呼唤》出版几年以后他写了一只这样勇敢的狗，小说英文名为《白牙》

1 康拉德·格斯纳：《从狼和狗说起》，45页。

(*White Fang*)，德语名字叫《狼之血》(*Wolfsblut*)。创作这部小说是他经过深思熟虑的一个想法，他在这本小说里重复了他的成名作，只是这个故事是掉转过来的：小说的主人公“狼血”是一只公狼和一只母狼狗混种的孩子，它在爱的感化下从一只野性难驯的动物最终变得温柔和顺。当这只在严寒的阿拉斯加荒野出生的幼狼被印第安人捕捉到以后，它开始了它的成长，在这个过程中它需要用到继承自它混血母亲那与生俱来的狗性。自然和文化的边界在这里又开始了摇摆：不久，它自身的天性被打败了，它必须尊人类为“神”，即使之前拥有“狼血”的那个人就是个暴君。主人公成为了一只让人惧怕的斗犬，这让它的主人挣了很多钱，直到在一个极其引起怜悯的情节下，一个充满爱心的新主人出现了，“狼血”有一种之前从来没有过的感觉：那是全心全意的爱，而不是单纯的服从。

小说的最后一幕是人和兽处在安宁祥和的图景中：“狼血”尚未从一场战斗的伤患中恢复过来——在这场战斗中，它救了它主人的父亲。它在现在居住的农场花园中注视它的幼狼们玩耍。狼狗的野性与文明得以和谐统一，因为它完完全全在为人类提供服务——从这个意义上它却又随时可以被激活。这是完美的人狗关系。

当杰克·伦敦的小说在德国发行时，在很多人家书架上还放着一套沉重的多卷册书籍，这套书跟杰克·伦敦的书一样表面上并不是以人为中心，但其核心又确实是人本主义的，而且还以自然科学家的名义发声。直到今天，在阿尔弗雷德·爱德蒙·布雷姆（Alfred Edmund Brehm）的《动物生活》（*Thierleben*）问世一百五十年后，这本书还散发着叙述的魅力，而人们越是细究这深棕色的、密密麻麻排满了德文尖角体文字的书页，他们就越能明白，为什么布雷姆在生前就被尊称为"动物之父"（Tiervater）：在这里说话的是一名大家长，他用权威的姿态批评着好的或坏的家庭成员。

狼位于这本书第一卷的末尾，布雷姆为这种食肉动物写了19页纸，众望所归地，它被归到了坏动物的一边，这仅从视觉上就能判断出来：它们有着"高大而瘦削的狗的样子"，它的腿简直就是"骨瘦如柴"。布雷姆极其钟爱的狗是其参考系。然而狼是"有害的"，其最突出的特点是"极其卑鄙"，它们和狗却又明白无误是沾亲带故的——至于两者关系有多紧密，那时人们还不清楚。为了走出这两难的境地，布雷姆采取了跟杰克·伦敦一样的处理方式。他在两种动物之间划定了一条灵活的边界线，把一些好的，在布雷姆眼中就是那些像狗的特点，从狗推导到狼身上："狼拥有狗的所有天赋和特点：同样的力量和耐力，同样的感官敏锐和同样的理解能力。但与狗相比，狼更加片面，而且看起来远不如狗高贵，毫无疑问，唯一的原因就是它们没经过人的调教。"在一定程度上狼被要求合理使用它们所拥有的智力，也就是说，它们要理解到，人类拥有更多的智慧。布雷姆在叙述中承认，"狗也是肉食性动物，它也习惯于征服其他生物，但即便如此，出于相当理智的原因，它们的理解力让它们非常愿意选择臣服于更高级的人类精神"。"把自己交给人类"是值得的，这是前提。

那些布雷姆引用的，关于家养狼的报告，毕竟是足以让狼拯救自己的荣誉的："狼是可以被教化的，也可以被驯养，也就是说，跟没有偏见的人相处并非是不体面的。谁要是跟它相互理解，就可以从狼身上塑造出一种和家犬在本质上是相似的动物。"[1]对狼而言，还有希望。这种希望来自于成为一条狗。

---

1 布雷姆关于狼的描述摘自阿尔弗雷德·爱德蒙·布雷姆：《布雷姆的动物生活：动物王国的常识》（*Brehms Thierleben. Allgemeine Kunde des Thierreichs*），卷一，莱比锡：1883年，526—543页。

“厚实的头、尖尖的嘴、短短的耳朵。”对狼的描述少有如此实事求是的。摘自德国百科全书，1809 年

在布雷姆接下来描述的很多狗的品种当中，能感觉到对他而言，牧羊犬是一个榜样。他引用自然学者阿道夫·穆勒（Adolf Müller）1872年在杂志《园圃小屋》（*Die Gartenlaube*）里的说法并对其表示赞同：“如果一种狗因其人性获益，就是说得到承认和爱的感觉，那这种狗一定是聪明、忠诚、警觉又不知疲倦的牧羊犬。”牧羊犬不是一个统一的品种，许多不同大小和种类的狗都能归入这个实用犬类别，人们通常能在农场里找到它们。

狗和狼的相似性在布雷姆看来是明显的——这句话的

真正意义却直到1899年年轻的骑兵上尉马克斯·冯·史蒂芬尼茨（Max von Stephanitz）建立德国牧羊犬俱乐部才得以显现。他认为他的狗霍兰德·冯·格拉夫斯（Horand von Grafrath）、玛丽·冯·格拉夫斯（Marie von Grafrath）和施瓦本玛德勒·冯·格拉夫斯（Schwabenmadle von Grafrath）属于一个新的犬种。在俱乐部成立两年之后，冯·史蒂芬尼茨出版了厚厚的一本名为《图文解说德国牧羊犬》（*Der deutsche Schäfehund in Wort und Bild*）的著作，书中详细介绍了一种思潮，认为越来越多的证据表明，牧羊犬在20世纪初会在定义民族和国家身份中发挥作用，这种关联很对纳粹的胃口。狼在这本著作中多次作为参考物出现，并一定程度上完善了牧羊犬的正面形象："狼显示了……我们牧羊犬有力修长的身材。它的背部线条优异，四肢弯曲程度……卓越无比。"[1]

纳粹分子对德国牧羊犬异常钟爱，这得益于冯·史蒂芬尼茨在他的著作中把它视为一种展现法西斯国家的理想型动物——它们如此忠诚而具有奉献精神，就像社会对个人的要求那样。另外还有骁勇善战——在那些对纳粹事业费

1 马克思·冯·史蒂芬尼茨：《图文解说德国牧羊犬》，慕尼黑：1911，9页。

尽心力，野心勃勃而喜好战争的人看起来，他们和狼是如此相近：“就像狼冲进了羊圈，我们来了！”约瑟夫·戈培尔在约1928年的《人民观察家报》（*Völkischer Beobachter*）中这么写道。狼英雄般的，也就是社会上所说的那种好战的形象从此就被维护起来了，纳粹在德国牧羊犬身上明显地看到了这种特质。阿道夫·希特勒（Adolf Hitler）在早期的写作中使用的笔名就是“狼先生”（Herr Wolf），他给自己第一条德国牧羊犬起名叫狼，而在掩体里陪他度过生命最后时光的两条牧羊犬之一也叫这个名字。

如果不考虑外观，马克思·冯·史蒂芬尼茨也在致力于区分狼和德国牧羊犬。不能过分渲染狼这种“凶悍的食肉动物”的性格，而且他警告说，不能无底线地尝试通过杂交使更多的狼变成狗。而狼和牧羊犬的混种是“胡说八道”，他在书里放了一张让他感到不舒服的想象图。“这个头的构造不漂亮，给人不高贵的、在暗中窥伺的感觉。在这个情境中，这种外表也代表了本质。”这种“杂种”的个性就是“没有个性”，表现在狼和德国牧羊犬的例子中就是“不可靠、本性不稳定、畏缩不前、阴险狡诈”。[1]

关于这种混种性格特征的独到见解，冯·史蒂芬尼茨的解读绝对是有道理的。在20世纪30年代，萨尔路斯猎狼犬（Saarlooswolfhund）的饲养员也觉察到了这一点，这种犬是德国牧羊犬和雌狼杂交所得。这种犬没有长成想象中温顺、可靠的工作犬，相反它们变得羞怯。即便如此，萨尔路斯猎狼犬还是被繁育下去了，与此相同的还有捷克狼犬（Tschechoslowakischer Wolfhund）。捷克斯洛伐克军队承认，这种德国牧羊犬和在喀尔巴阡山的狼杂交的品种其实并不是希冀中好斗的圈地犬，而是内向的，遇事会迅速逃跑的犬种，数年之后，这种犬种的粉丝又使得它的繁育重新兴盛起来。

当科学家们开始自问到底该如何区分狼和狗的时候，人类还培育了一个犬种 —— 人们看这狗一眼便会觉得震惊。20世纪60年代，在基尔宠物研究所里，两只年幼的大型贵宾犬被送入一个母狼的狼圈里。其中一只不幸被母狼咬死了，而另一只却成为了母狼的伴侣。9周之后，可能是世界上第一只贵宾犬狼（Puwo）出生了。正如科学家们自负相

1 马克思·冯·史蒂芬尼茨：《图文解说德国牧羊犬》，14页。

信的那样，狼和大型贵宾犬的杂交品种恰好就是漫画里疯狂的宠物狗理发师剪出来的模样。实际上大型贵宾犬可以，却不是必须去理毛的，一定的蓬乱随意感让它光彩照人，它没有什么特定的特征，全面发展，从比例上来说跟狼也不无相似。埃里克·茨曼在博士阶段被委托研究贵宾犬狼，他自己似乎对其导师沃尔夫·黑尔（Wolf Herre）为何偏偏选择大型贵宾犬作为研究对象感到惊讶，黑尔曾借助测量狗、狼、亚洲胡狼以及郊狼脑的重量证明所有犬种都起源于狼。或许这仅仅是黑尔的个人趣味起到了决定性作用，因为他还曾用大型贵宾犬做过其他的繁育试验。[1]

茨曼需要找出狼和狗的行为有何区别以及这种区别是如何遗传到后代去的。1967年他和妻子带着15条幼狼搬到基尔以南一片森林中，在一座空置的守林人小屋里，他们给第一、二代幼狼、贵宾犬和贵宾犬狼盖起了许多狗舍。不久之后，茨曼发现，他们的计划比想象中更有野心，这最集中体现在第二代贵宾犬和狼的混血中。在它们身上能非常明显地看到，区分幼狼和幼犬的特征以一种复杂的方式延续下

1 埃里克·茨曼关于贵宾犬狼的著作，选自：《狼的故事：神话与行为》，11—36页。

去：幼狼身上面对人类想要逃离的欲望本是它们为了生存与生俱来的本能，这一点很明显遗传下去了。但狗身上对人的亲近与爱慕在隔代的孩子里又显现出来，只是兽与兽之间有些不同。茨曼这样看待这种相当复杂的性格特征：幼狼是既羞怯又亲近人类的，它相当温顺，却不再对人类产生兴趣。为了得到所有行为的组合和分级，茨曼不仅要观察4只贵宾犬狼二代的混血幼兽，其他的11只动物也要每3小时喂养一次。他认为，在研究它们的混血后代以前，人们必须先对狼和狗进行基础性研究。于是他把贵宾犬狼都送回了基尔。

茨曼跟贵宾犬和狼在树林里继续生活了两年，并发表了一个扎根于科学基础，关于野生和驯化动物至今还非常具有争议性的理论。他的中心思想在于：狗是狼的低配版，它们为了玩乐而存在。它们本质上做着一样的事情，只是狗有的时候似乎已经不知道自己为什么要这么做了。有一个无意中出现却让人印象深刻的例子：有一次，当一只狼和一只贵宾犬扑向一只活鸡的时候——其实茨曼是想用这只鸡做另一个实验的——人工饲养的狼杀死了鸡并撕咬起来，贵宾犬把鸡拖来拖去，却不知道该拿它怎么办。

许多犬种已经不能打猎了，狗寻找着狼只有在幼狼时

早期描述狼的形象时并不关心忠于现实的问题。这是被狗攻击的狼。画于荷兰，17 世纪

期才会寻觅的社交亲密度，狗的表情和肢体语言都没有狼这么明确和强烈了，狗的发情期也更加频繁，茨曼把这些现象归结为狗作为一只宠物的“适应性”。狗已经戒掉了许多人类不再需要它们拥有的习性，因为它们能从人那里得到食物。人们也能允许它们一年产两次崽，而不是像狼那样，一年只能生一次。

茨曼通过对驯化的理性解释，致力于打破以往实验中的规则限制，那些实验服务于一种可疑的文明批判。在他的著作《狗：起源、行为、人与狗》(*Der Hund. Abstammung, Verhalten, Mensch und Hund*)里他总结了自己对狗和狼的研究的成果，他在书中引用了他的同事和榜样康拉德·洛伦兹的一篇文章，对此他只是简单地说明是这位行为学研究者"1940年的老文章"[1]。而正是在这篇文章中，后来的诺贝尔奖获得者根据他的想法，进行了过度文明化的大城市居民和高度驯化的宠物之间的比较，并发出"人类……由于面对驯化下的衰亡征兆没有选择……终将灭亡"的感叹。当然为了阻止这件事，"我们政体里的种族思考"至少已经"承担了……非常多"[2]，这本80页的《由驯化引起的某种行为障碍》(*Durch Domestikation verursachte Störungen arteigenen Verhaltens*)是这位后来的诺贝尔奖获得者最有政治意味的文章之一，其纳粹思想在其中表露无遗。茨曼所引用的部分是关于想象的"过度"(Hypertrophie)，也就是对于家养动物一些特定行为方

1 埃里克·茨曼：《狗：起源、行为、人与狗》，慕尼黑：1992，233页。

2 康拉德·洛伦兹：《由驯化引起的某种行为障碍》，选自：《应用心理学与性格学杂志》(*Zeitschrift für angewandte Psychologie und Charakterkunde*)，59期(1940年)，2—81页。

式的过度强调，对于另一些行为则完全消失，这一部分内容看起来还是比较客观的。

狗一定程度上是狼的低配版，它们把自己改造成更适合人类生活的样子——奥地利的狼科学中心（WSC）也持有这样的看法，这个研究中心在茨曼的狼狗同居实验后将近五十年再次进行这项工作。在维也纳周边的一个森林里，目之所及有着从头到尾大约三千年的驯养史，对这里的第一印象是：相互之间的兴趣是显而易见的。在通往科学中心小路右边的驯养区里居住着5只狼，左边则是一对狗。在它们的圈养区那巨大的林地以外发生了什么，除非有员工现身，否则它们并不关心。而当有员工出现时，它们的表现在人类的范畴里会这样表述：一边是有着从容镇定的好奇心，而另一边上蹿下跳表现得很激动以博取注意力。此时狼会无声地潜行到篱笆处，等待着，目光炯炯地注视着来访者；而狗则在围栏处上蹿下跳，吠叫不止，摇着尾巴，表现出一种焦急。此时，人们只会想起库尔特·图霍夫斯基（Kurt Tucholsky）和他一针见血充满讽刺的作品《关于狗的论文》（*Traktat über den Hund*）：“狗最讨厌狼了，因为狼会让它想起自己的背叛，想起自己已经委身于人类。”[1]

库尔特·柯特韶（Kurt Kotrschal）是科学中心的其中一位带头人，他是这么说的：科学中心的所有员工会非常珍爱那里生活着的狗，但狼独立的本性会更加吸引他们的注意力，从“更小的社交成本”这个角度看，这与人类也是相关的。所以最主要的局限性来自研究所的所有工作人员对于狼明确的激情——他们在这里尽可能客观地推进着科学。2008年，生物学家库尔特·柯特韶、弗里德里嘉·朗格（Friederike Range）和索菲娅·维兰尼（Zsofia Virányi）在维也纳北部的埃恩施特布伦（Ernstbrunn）成立了狼科学中心，他们的工作也可以理解为一项考古研究：研究员与狼的合作一定程度上也回到了人类和狼相互吸引，久而久之慢慢地就出现了狗的年代。人们首要想研究的是，合作——一个在狼的社交行为以及在人和狗的共同生活中如此重要的方面——是如何实现的：这分别体现了动物与动物之间和人与动物之间的两种关系。

为此，几乎每天都有狼和狗一个接一个地被拉到实验

---

1 库尔特·图霍夫斯基：《关于狗、噪声和响动的论文》（*Traktat über den Hund sowie über Lerm und Geräusch*），选自：《全本10卷》（*Gesammelte Werke in 10 Bänden*），卷五，赖恩贝克：1975，324—326页。

区，在那里会进行不同的试验，从而为这个课题提供启发，就像库尔特·柯特韶那随口的说法，“动物引发灵感”。为此，狗和狼会在相同的条件下成长，这是比较研究的一个重要的前提。在幼兽几周大的时候他们会用奶瓶给它们喂奶，人们会无微不至地照料它们，6个月的时候它们就长成了相应的成年犬或成年狼。不同寻常的是，在这里大小不一、颜色各异的狗生活在同一个地方。它们在这里过着与它们同族不一样的生活。这里的狗通通都是混血，它们都曾是弃儿，被关在一个匈牙利的流浪狗救助站里 —— 里面都是流浪狗的后代，从而却保证了它们的遗传多样性。狼则部分来自欧洲各个动物园，部分来自美国和加拿大，它们都属于东加拿大狼的亚种。它们的日常习性使得它们非常适宜于做研究，而且它们还属于特别漂亮的狼种。它们有着修长而苗条的腿和宽大的狼爪，这样的构造使它们非常适宜于在它们的家乡加拿大和美国荒野中毫不费力地在雪地上奔跑 —— 相比之下，它们那通常长着蹄的猎物，比如说麋鹿，很容易就陷到雪里去了。这些狼身上覆盖着厚厚的毛皮，吻部之后的毛发更长，根据动物和季节变化，它们的鬣毛都整齐地覆在头上。人类从修长的腿和舒适的毛茸茸中看到了优雅。

在埃恩施特布伦，这12只狼每2~5只组成小组生活，每个小狼群都有自己的圈养区。库尔特·柯特韶打开了一个与后面的狼圈连接起来的几平方米的隔离区。我们坐在低矮的石阶上，然后他喊纳努克（Nanouk），这是一头奶油色毛皮的雄狼。纳努克直直地跑过来，把爪子放在库尔特·柯特韶的膝盖上，用鼻子碰了碰他的脸庞，轻轻推着他。然后它把脸转向拜访者，凑近他闻了闻，舔了舔他的鼻子，狼毛扫过他的脸颊，这样就满足了它对来客的好奇。当纳努克重新回到狼圈时，雌狼乌娜（Una）出来了，它给了柯特韶同样热烈的欢迎，这个男人两年前就住在它旁边的小草屋里，他们一起生活了许久，其间每几个小时他就会给它喂奶，它对同游的访客同样只是顺便表达出热情，但明显比雄狼要有更强烈的兴趣。它的动作来得更加流畅。"它更'母狼'一些"，库尔特·柯特韶这么说，在他眼中纳努克是一只特别招人喜欢的动物。

这是一次短暂的相遇，一次与狼谨慎的接触。它们跟狗的表现是不一样的。因为它们像是从更远的地方来的。

就像这期间的许多科学家一样，库尔特·柯特韶相信，人和狼的接近是相互的。狼更加接近人，并获取人的食物残余物。人类认为动物是有具体用处的，它们可以在有陌生人靠近的时候发出警告，在紧急情况下也是可以吃的。具体的细节人们永远不会知道了，库尔特·柯特韶诗意地说："这段关系很遗憾没有被封存。"人们发现了三万三千年前的狗骨头，不久之后人类的墓穴里也出土了狗骨头。

人们只能尝试找出在逐渐变成狗的动物里到底是什么发生了变化。库尔特·柯特韶研究狼和狗越久，他越相信，它们之间的变化是逐渐发生的。比如说，人们长期以来都认为，与狼相比，狗更能领会人类的指示手势。但这个想法其实是错误的：狗只是学得更快罢了。

库尔特·柯特韶跟我们说，前段时间有三只狼逃走了。有两只很快就在附近被找到了，有一只年轻的母狼却失踪了整整一个晚上。第二天，人们发现它躺在一个足球场边上，像是在观看比赛。它静静地任由人们给它系上狗绳。如果说野性对它进行过呼唤的话，它肯定是没听到吧。

在《园圃小屋》也有出现：早期为家庭绘制的插画，有时会出现食肉动物残暴的世界。出处未知，1897 年

来自未知、原始力量的呼唤

从成为野生动物的渴望说起

出租车停下的时候，山丘上响起嚎叫的声音。叫声悠远绵长而高低不平，就像一首忧伤的歌的序曲。在山脚下那间小屋的露台上，比尔吉特·霍格桑（Birgit Vogelsang）向来客挥手致意。在这里，来访者不需要按门铃。狼会宣布他们的到访。

一年前她和她的丈夫搬到这里，在下萨克森州（Niedersachsen）一座孤零零的小山丘上，在那里他们能看见森林和一排笔直的樱桃树。他们并不是因为这里风景如画而选择了这间房子，而是因为在这里他们有足够的地方给他们的9只狼修建狼圈。“它们喜欢这里，”比尔吉特·霍格桑说，“它们在这儿有安全感。”楼上视野开阔，能够看到每一个徒步客和每一辆从主路拐入霍格桑家的车辆。有时候，鹿会从森林里跑到这里来。然后狼和鹿两种动物就会静静地站在那里，专注地互相对视，就像遥远记忆中的相遇那样。这里的鹿并不认为狼是它们的天敌。而这里的狼从来没有进行过捕猎。

这里所有的狼都是在它们几周大的时候来到霍格桑家的。这对夫妇迄今为止已经养过好几十只狼了。比尔吉特・霍格桑说，从第一批小狼崽开始就是这样了。到现在都已经十五年了。以前她对丈夫对于狼的热情抱有抗拒心理。这位卡车司机阅读他能找到的所有关于狼的书籍，观看所有关于狼的电影。有一天，他们认识了一个在匈牙利养狼的饲养员，从此他们每个假期都到那里去帮忙喂养小狼崽。忘记了从什么时候开始，他们从匈牙利带回了属于自己的小狼。

马提亚斯（Matthias）和比尔吉特・霍格桑以前分别是卡车司机和银行女职员，但他们早不从事自己原先的职业了。狼现在是他们生命的全部。他们大概是整个德国唯一会在花园里养狼的人了。当然，这说的是合法养狼。人们当然不能直接把一只狼牵过来，这是要申请执照的。要获得这样的执照就需要证明自己有养狼的“合法兴趣”。行为研究和启蒙工作——马提亚斯和比尔吉特・霍格桑是这么上报的。在邻近的一个野生动物园养着许多他们养大的狼，他们俩每天都会给那里的访客进行一次关于生物和动物行为学的演讲。多亏了与野生动物园的合作，他们现在才可以凭借自己的兴趣生活下去。

比尔吉特·霍格桑站在他们家一楼大厨房的窗户前，在那里，她可以看到她的狼。北极狼克莱尔（Claire）小步在它的狼圈里滑来滑去，冬天棕褐色的草让它的皮毛显得更白更亮。两只棕灰色的东加拿大狼躺在旁边，其中一只把头搁在另一只的背上，人们要很仔细观察才能把它们跟它们身后掉光了叶子的灌木丛区分开来。比尔吉特·霍格桑说，她经常站在这里。"再没有别的事情能像站在这里那样给予我如此温暖的感觉。"在房子的后面，他们的狗把草踩得沙沙响，那是一只好动的小猎犬。如果她认真地看它呢？那不一样吗？"不一样的。狗是我们人塑造出来的。而狼，那是原始的，是纯粹的。"

这或许已经隐藏着全部的答案。为什么像霍格桑夫妇，还有法国钢琴家埃莱娜·格里莫（Hélène Grimaud）、英国哲学家马克·罗兰德（Mark Rowlands）和一些别的人会折服于一种他们日后也不再放开的感觉：他们想跟狼分享自己所有的生活，想靠近它们。在纯粹的地方，必定有些不纯粹的、人工的、不真实的东西。狼似乎在指明一条通往真相的道路，一条在普通人生活中被堵死的道路。或许真相也很简单，那就是人需要一个囚笼，用以囚禁自己的欲望。狼在此时是那么适合作为指示者，就像之前作为邪恶的象征那样。

霍格桑夫妇早就没有了假期。狼是不能随便交给别人照看的。一旦把仅几天大的小狼从它们出生的地洞里掏出来并带到他们夫妇的起居室里，就要承担起日常的义务。当小狼长到3个月时它们会睁开眼睛，但它们依然只是无毛的小东西，什么都不会，这时他们夫妇又要每隔几个小时就用奶瓶给它们喂奶，在那以后要一直保持像它们的父母和狼群中的成员那样。在阅读人工养狼的体验报告时产生了这么一个印象，觉得饲养员们在努力维持一个脆弱的平衡。狼与它们相信的人之间是存在感应的，但它们每天都会去更新和考察这种感应。狼研究员埃里克·茨曼用理智的口吻描述了他所钟爱的母狼安法（Anfa）在两岁，也就是它开始性成熟的时候，对他表现出何等的攻击性：从某天开始他就被拒绝进入它的狼圈了。动物的情绪也需要每天进行观察，狼圈里争权的戏码最终可能导致死亡。人们很难把多于3只狼放在一起养。这些人工饲养的狼是些中间产物，它们既没有在野外生存的必备技能，却也不是什么温顺的动物。养狼似乎就是出于这对立统一感觉下的诱惑。大卫·迈克是美国最出名的狼研究员，曾经在他出版于1970年的经典著作《狼》（*The*

Wolf）的前言里为自己把狼当成宠物饲养而道歉。巴里·洛佩兹（Barry Lopez）80年代初期曾写过一本关于人狼关系的指引性书籍，他在书的后记里也提到，他曾用一种想当然的方式养过两条狼，但他再也不会这么做了。

比尔吉特·霍格桑也考虑过，她有时也会觉得困惑，觉得自己现在的做法更多是为了自己，而不是站在动物的角度考虑。她说，她所有的狼日后都会住在动物园或野生动物园里，而她想给它们大概可预见的囚笼生活提供最好的帮助。她也承认，自己非常清楚这样养狼是一件非常尴尬的事情。这些动物只在她的花园里是食肉动物。

她在口袋里塞了几块肉干，走到外面，打开了克莱尔——那头雌性北极狼的圈门。克莱尔的身体已经紧贴到篱笆上了，它的毛洁白而松软，就像雪一样，它围着比尔吉特·霍格桑的腿打转，高高跃起，把鼻子贴到霍格桑的脸上。如果狼能感受到让它们快乐的东西，就会表现得像它这样。

要保持冷静，比尔吉特·霍格桑说，她一直给人这样的印象。要保持清醒，要读懂动物。如果哪天她没到狼圈里去，她就会感觉到内心的平衡感被打破了。那些动物让她警醒。她喜欢这种清晰地规定了狼群秩序的信号。“狼永远都是诚实的。”她的弦外之音是：人类则刚好相反。

天色渐暗的时候，外面的狼又开始在叫了，又过了一会儿，马提亚斯·霍格桑进了厨房。他今天整天都在野生动物园里，照顾那里的狼，给游客做每日演讲。他是一个孔武有力的男人，有着一头蓬乱的头发，看到他的时候人们很容易能想象出他骑摩托车或者驾驶帆船在怒涛中穿梭的样子。开始的时候，他并没什么心情讲述他和他的狼的故事，但他后来还是这么做了。灵魂，他说着，并把双手按在胸前，如果真要对它们感同身受的话，必须要感受狼的灵魂。要像狼一样思考。站在狼的角度思考，这样才能看到它看到的所有东西，所有的情绪，所有的矛盾。“但世界上只有小部分人有这样的能力。”那么他是不是其中一员呢？马提亚斯·霍格桑犹豫了一阵子，然后答道：“我每天都在学习这种能力。”像狼一样思考，对他而言常常伴随着在形体上成为一只狼。当他给幼狼喂食的时候，他会在嘴里藏一些小肉块，然后随着咕噜的喉音把这些肉吐出来，因为狼也会吐出反刍的食物给幼崽。他有时会抢夺老狼想吃的肉，就像他对此拥有特权那样。这是一种让身居高位的狼总要对他平等相待的方法。

这是会假装自己能反刍出肉来的一个男人，但他毕竟不是一头狼。他始终只是一个假装反刍出肉来的男人。但他已经向似乎有了答案的狼群迈进了一步 —— 只是，它们要回答什么呢？马提亚斯·霍格桑说，他体内似乎有些狼性，埃莱娜·格里莫也这样表达过，她说她想让那些到她美国纽约“狼之家”（Wolf Center）的访客把她和狼联系在一起。

他们把内心的狼视若珍宝，看作是一种与大自然之间更真实、更直观的联系。这是让人惊讶的对狼此前所有附加意义的颠覆。21世纪早期，人们似乎可以接受这样的说法，可能像霍格桑夫妇或者埃莱娜·格里莫这样的人是“亲生命假说”（Biophilie）的激进分子，这个假说是由社会学家爱德华·威尔森（Edward O. Wilson）所提出的，他认为人需要顺从自己内心向往大自然的渴望 —— 人类在大自然中进化成了他们今天的样子，但我们似乎越来越不需要自然了 —— 否则人就会逐渐失去生活的乐趣。

加诸狼身上的这种拯救性关系，很可能又是人类自己强加于它们的。跟被描述成的残忍怪物相比，狼本身其实并没有这么致命。但如今这种新的想象对它而言又是另一个负担。它更多的只是承载着我们的想象，成为人们叩击平淡生

人们在20世纪20年代的时候也对野生动物有憧憬。阿尔弗雷德·科瓦尔斯基·威尔士（Alfred Kowalski Wierusz）的《孤狼》（*Einsamer Wolf*）是当时最受欢迎的彩色套印画之一

活的围墙以寻找出口的工具——在作为卡车司机、银行女职员或者钢琴家生活的背后，打开了一个空间。

埃莱娜·格里莫1997年在南塞勒姆（South Salem）买了一所房子，然后在旁边建起了圈养区。在那里生活着她的墨西哥狼，那是一个特别危险的亚种。在一次偶然的相遇之后，格里莫决定让狼成为继音乐之后她生活的第二个中心："我于是伸直手指，它先用头，然后用肩胛骨蹭我的手掌。

于是，我感到了一阵闪电般的火花，全身为之一颤，一种特殊的感触，传到我的手臂、胸膛，给我带来了舒适。仅仅是舒适吗？是的，只是这种舒适感更加急迫，在我身上激发了一种神秘的歌声，唤起了一种莫名的原始力量。”[1]

埃莱娜·格里莫第一次接触狼的情境就像是成人小说里对爱情场景隐秘的描述。那是在佛罗里达（Florida）的塔拉赫西（Tallahassee），当时格里莫只有二十来岁。她晚上出去散步的时候碰到了一个男人迎面走来，他身边有一只看着像狗却不尽相同的动物。那是一只母狼，男人这么说，那时她从来没有过如此亲切的感觉。格里莫形容这次接触就像沦陷一样，狼一下子就把她征服了。就像爱情小说的情节一样，身体的沦陷上升到了精神的满足：她感到自己完满了，先前的缺口终于被填补，成为一个整体了。在格里莫自传《野变奏》前2/3的篇幅，她都在描述自己焦躁的心灵，它无处安放，寻寻觅觅。第一个拯救她的是音乐，第二个就是狼。她每天晚上都能感受到来自“原始力量”的吸引力，那就是大自然本身，或者她眷恋着在那只叫阿拉瓦（Alawa）的

---

1 埃莱娜·格里莫：《野变奏》（*Wolfssonate*），慕尼黑：2006，12—13页。

母狼那里得到精神治愈的承诺。在她的狼之家，女钢琴家能感觉到自己“终于回家了”，她感到自己成了自然的一分子，“这个萌生音乐的大自然，构成了另一种圣言，那是孕育在鸟儿歌声中的音乐，是微风轻拂高大的榆树发出的沙沙声，是夜晚把我召唤到月光下，让我产生在雪地里和它们一起奔跑和抖动身体的欲望的狼的嚎叫”[1]。

音乐、自然、狼，所有这一切糅合在一起，那就像第一次夜间的接触那样，是一次醉人的结合。埃莱娜·格里莫在音乐上最钟爱浪漫主义，在生活中也彻彻底底地活在浪漫主义的对自然的体验中。这种发烧般的敏锐，深沉的严肃，对打破界限经历的渴望似乎都直接来自19世纪，人们会惊叹于她好像是从那个时代穿越过来的人。人们徒劳地等待着一道来自远方闪烁的目光，而距离就意味着克制，抑制着泛滥的感情。然而埃莱娜·格里莫全心全意地把自己献给了狼，就像她对待音乐那样不顾一切，她想要跟它们生活，想要拯救它们，同时，这也是在拯救她自己。

不要忘记这种被追杀、被误解的动物，狼的身份鉴定

1 埃莱娜·格里莫：《野变奏》，252 页。

传奇鸟类画家约翰·詹姆斯·奥杜邦（John James Audubon）所画的红狼。严格意义上说红狼不是狼，而是一种独立的、与狼有近亲关系的物种

才算完整。格里莫在她的书里面插入一些把狼塑造成邪恶角色的民间创作，狼人，骑在狼背上的女巫，她在书里写到上几个世纪对狼无情的追杀。在现实世界中她一辈子都感到自己是一个局外人，现在她在这种有相同命运的动物身上找到了共鸣。

她在书里叙述了20世纪20年代在印度，人们在狼窝里找到两个孩子的事例，她认为这件事是可信的，并以此唤醒因为此前被塑造成邪恶角色而越来越少被人想起的狼的形象：平易近人，亲切关怀，就像在罗马建城者罗慕洛

（Romulus）和勒莫（Remus）的传说里那样。传说中，两位建城者是吃母狼的奶长大的。

当埃莱娜·格里莫在书里描写着狼的时候，另一个女性的声音也参与进来：1993年，心理医生克拉丽莎·平科洛·埃斯蒂斯（Clarissa Pinkola Estés）的《与狼同行的女人》（*Wolfsfrau*）取得了空前的成功。格里莫也读过这本书，该书没有引起书评家们的注意，却登上了《纽约时报》（*New York Times*）的畅销书榜单，并停留在榜上三年之久。女性们明显对找到自己身上潜在的那匹"狼"的诉求很感兴趣，换句话说，她们想找到那个野性、自由、敏感、一直受到男权社会条条框框压抑的自己。女性和雌狼——这本逾500页的书籍关注的主题——是有共同点的，这并不只体现在她们强烈、关切、直观的性格当中，同样指代她们所遭受到的不公待遇。

平科洛·埃斯蒂斯的书其实跟狼没什么关系，她更倾向于希望通过她的书勾勒出用以塑造女性形象的指导思想。《与狼同行的女人》体现了以狼作为人类要求的投射物可能蕴含的风险，新的成见会代替旧的，狼会从邪恶的动物变成高贵的动物。而真实的狼就被掩埋在这两种形象之下。

而埃莱娜·格里莫明显相信，阿拉瓦——那匹让她感动不已，改变了她生命的狼，其实并不是狼，而是狼和狗的混血。[1]在这一点上她与另一个疑似狼的拥有者——英国哲学家马克·罗兰德（Mark Rowlands）一样。罗兰德跟他那只叫布润尼（Brenin）的狼一起生活了十一年，并由此写下《哲学家和狼》（*Der Phiosoph und der Wolf*）一书，此书无异于一本受布润泥日常生活启发的关于如何获得更美好生活的指南。在罗兰德的书中，人们会觉得布润尼身体里并没有狗的部分，之前的主人只是为了使贩卖幼狼看起来合法而假装如此。在他的个人主页上，他一直称呼早已去世的布润尼是一只狼狗混血[2]。

格里莫和罗兰德是否真的跟一只狼一起经历让他们生命发生翻天覆地变化的事情其实一点都不重要。重要的是，他们相信那是一只狼，他们必须相信那是一只狼。只有"狼"可以唤醒他们的另一面。狗在这方面能起到的作用跟一只豚鼠或者一只虎皮鹦鹉差不多。这种事情需要引起共

---

1 参见采访记录：D. T. 马克斯（D.T.Max）：《她的路：一个有强烈观点的钢琴家》（*Her Way. A pianist of strong opinions*），摘自：《纽约客》（*New Yorker*），2011 年 11 期。

2 见：www.rowlands.philospot.com，2016.07.25。

鸣，需要把故事归结到一个起源，需要营造一只“野生”动物站在他们面前的感觉——一种在驯化的过程中找不到的，但能表现出与人类社会生活有着惊人相似点的感觉。也正因如此，狼得以在近段时间轻轻松松地承担起在不确定的、与自然相关的生活中指路人的角色：科学已经为它扫清了障碍，它可以登场了。狼研究者库尔特·柯特韶认为，没有别的动物，比狼的社交行为更像人类了，连黑猩猩也比不上：狼相互之间有差别地交流，在团体中相互协作，一致对外，生活在一个“我们与其他人”的体系当中。

这种把灵长类动物和狼放在一起进行比较的视角同时也存在于马克·罗兰德的书中，在里面类人猿——也包括人类——得到了很低的评价：谎言、阴谋、欺骗，这是聪明的代价。“我在狼身上学会了怎么样才叫作人。”[1]这是全书的关键句。“我们曾经也是狼”[2]，这里说的也是内心的狼——这种不完全符合进化史逻辑的说法，指的是灵长类动物进入那条不幸的历史道路前的状态。这里所说的是我们需要重新找到思

1 马克·罗兰德：《哲学家和狼：一只野生动物教会我们什么》（*Der Philosoph und der Wolf. Was ein wildes Tier uns lehrt*），慕尼黑：2010，58 页。

2 同上注，161 页。

考问题的方式，罗兰德想照抄他的狼或者说狼狗混血的方法：忠于集体而不是自私自利，围绕着存在而不是拥有的生活，甚至于需要知晓，生命终结时，用以衡量的标准并非那些幸福快乐的时刻，而是那些各人以自己的方式清醒地对抗命运的时刻。书中这个年轻人通过自我批判的目光，完美地打破了自我完善的激情，与人类社会相比，他更喜欢狼或狼狗混血的社会——在布润尼死后十多年，也就是罗兰德大概45岁的时候，他写下了这本书——审视自己与一只那样的动物在一起的疯狂生活，以及他起居室里的家居陈设的状态。

即使他并非故意为之，马克·罗兰德在他的书里还说到了他有时认为灵长类动物不讨喜却又独一无二的一点是——他们从不曾停止追寻意义，追寻他们问题的答案，甚至要从对此一无所知的动物那里去强行获得。

来自母狼的短信

与食肉动物共存

19点整，天已经黑了，对于母狼来说，一天才刚刚开始。它跟它的狼群一起出发向南，穿过白天它们在那里酣睡的森林。小城尼斯基（Niesky）位于它们左边，那是劳西茨区（Lausitzer Kreisstadt）以古老的木屋著称的一座城市。然后狼群又越过几片田地，穿过通往格尔利茨（Görlitz）方向的联邦大街（Bundesstraße），再重新回到森林里。它们跑过库伊茨多夫大坝（Talsperre Quitzdorf），那以前是一个火力发电厂的冷却池，现在则成了用来冲浪和疗养的浴池。向西拐了个弯，将近23点的时候，母狼在A4号高速公路北面的一片森林里咬死了一只黇鹿。饱餐一顿之后，狼群们就地休息。直到将近凌晨3点它们才重新出发，又过了几个小时，将近早上7点，在林子的一个栖息点，狼的一天结束了。

人们可能没有看到过母狼。它自己却给我们交代了2015年1月那个晚上的行踪，或许除了行踪还有更多：它脖子上的塑料环泄露了它的信息。每半小时环上的SIM卡会

雪地中的脚印似乎让狼变得兴奋。而实际上狼更多时候会是依靠嗅觉寻找猎物

把母狼的位置信息发来，就像母狼给我们发短信告诉我们它在哪里似的。这些数据会传送到萨克森州（Bundesland Sachsen）的斯普瑞维特兹（Spreewitz）一个宽敞房间的一台电脑上。以前这里曾是牧师的居所，自从这地方不再有自己的神职人员以后，这所房子就成了野狼研究所（Lupus-Institut）的生物学家工作的地方，他们在这里进行狼的监控和研究。这是20世纪90年代末狼群回归德国以后，萨克森州委托他们进行的一项数据收集工作。

遥测技术是最具有启发性的，但这也是最费工夫的追踪方式。不然人们就几乎只能从它们留下的各种痕迹那里获取信息：雪地里的足迹，排泄物，相机陷阱里捕捉到的画面，狼进餐后剩下的一些狍子骨，等等。有时候也会是一只被撕碎了的绵羊。它们总是已经离开了，只留下互不相关的残余物，只有费尽心机才能从这些凌乱的笔触中拼凑出一张完整的图像：这个地区有多少狼群？它们分别有多大？它们的领地分别在哪里？它们都吃什么动物？

与之相反的是，从脖环上传回的数据列只需鼠标轻轻一点，电脑屏幕上就会在地图上把所有的点连在一起。这是用数据在画图，要看懂这张图画，要把图上的点连在一起，就需要对狼非常熟悉，一旦对狼熟悉，一切就了如指掌了。伊尔卡·莱因哈特（Ilka Reinhardt）对狼非常熟悉：自从2003年野狼研究所成立以来，她就一直在这里工作，她一定程度上就成了德国的狼回归专家，从一开始就在研究这个领域，况且大部分的狼群都集中在萨克森州。她的经验非常受欢迎，在6个联邦州已经重现狼的踪迹，其他的，例如巴登－符腾堡州或者北莱茵－威斯特法伦州，都属于预期有狼群的地方，当然，正如这个名词听起来那样，这个预期未必如此乐观。

伊尔卡·莱因哈特把地区地图放到电脑屏幕上，这张地图的右半边布满了黄点：那是母狼一年半以来发回的所有信息，一年半前，它掉入一个陷阱中被迷晕，等它醒来时，脖子上就已经被戴上了发送器。在地图上能看得出来究竟还隐藏着什么秘密。这个狼群的领地明显是一个蛋形的，大约30千米长。伊尔卡·莱因哈特知道，狼群想从A4号公路的隧道——也就是信号消失的地方——再一次穿过去。她知道格雷塔（Greta）——她给母狼取了这个名字——什么时候在哪里生下了小狼，伊尔卡·莱因哈特注意到这点，是因为在5月的时候，信号突然之间就不见了：那是因为移动无线信号无法达到狼洞的深度。她有时甚至能知道昨夜狼群猎杀了一只什么动物，因为当她早上驱车赶往昨夜脖环发回的信号显示狼群曾长时间停留的地方时，她的狗贾克斯（Jacques），一只巨大的魏玛猎狗，会有效地找到猎物的残骸，即使有时那只是一小撮毛发。狼是能够把它们的猎物彻底吃个干净的。

地图上的黄点把母狼和它的狼群写入这片土地。它们的生活和人类的生活交叠在一起，它们的痕迹在地图上同样这么显示着——它们的公路，它们的浴池，它们的郊游地点，它们的城市。电脑屏幕上的这张地图是一份资料，展现了一个雄心勃勃却从未出现过的计划，当前不少国家都已经投身于此：法律上规定狼存在的合法性。

在西德从20世纪80年代开始就已经是这样了，在联邦自然保护法（Bundesnaturschutzgesetz）中，狼是被特殊保护起来的物种。然而当时没什么东西受这条法律保护——当时狼被认为是已经灭绝了的，而从波兰逃回来的狼又都到了东德。自从两德统一以来，联邦自然保护法在前东德地区也发挥了效力。不久之后，狼来了。

从1996年起，狼重新回到了德国，它们不仅仅回归了它们原来住的地方，也到了人类居住的地方。牧羊人们发出抗议，这是压垮他们几乎已经没有收入可言的牧羊业的最后一根稻草。猎人们则坚信，它们会把所有的野兽都吃光，除此之外，在猎人看来，那些野兽的行为变得更小心谨慎，这对于猎人来说是不利的。人们自问，现在走到森林里散步是否会有危险。总是有人找到被射杀的狼，有时狼头已经不见了，明显那头颅是作为战利品被收走了。这是一场宣战。但那仅仅是其中一面。另一面则是城市里的人，他们从痕迹阅读中学到了许多，周末他们开车前往狼生活的区域，以此靠近那不可见的狼群。到野外圈养区体验狼嚎之夜，这样的定期活动被预订一空。调查问卷显示：大多数人认为狼重回德国是件好事。

以前，当狼离开的时候，这片土地上对它只剩下憎恨。如今它们重回这片土地时，人们有了新的看法。这非常清楚，因为如果有一个捕猎者重新回到食物链顶端，而这个捕猎者的形象数百年来还很有问题，那么事情就变得复杂了。这使得狼甫一露面就有一套名叫野生动物管理的机制开始启动：使野生动物不被打扰，保持其野性地受到清点、观察、测量和管理。

这只狼好像是小心翼翼地叼着幼崽，然而猎人已经近在咫尺了

在斯普瑞维特兹，“监控”是为萨克森州进行的，在那里收集着所有关于狼群大小、扩散和行为的信息。在70千米以外格尔利茨（Görlitz）的一栋研究所大楼里，塑料碗里堆积着上百份狼粪样本——在显微镜下，这些样本里的毛发和骨头残渣显示着狼吃了什么动物。经常在样品中出现的是狍子毛，而羊毛则很少见。这些年来在格尔利茨森根堡研究所（Senckenberg Forschungsinstitut in Görlitz）数以千计的化验样本显示：狼96%的食物来源都由野生有蹄类动物，也就是说狍子、鹿和野猪等组成，只有0.6%是绵羊和其他的家畜。

0.6%——这是一个让“损失管理与预防协调员”很可

能在睡觉时都会发誓赌咒般地嘟囔着的数字。每个联邦州，只要州内重新有狼生活，都会有人顶着这让人过目不忘的头衔工作。他们的工作类似于连接人类和狼的中介员：他们清楚地知道面对一名刚刚在草原上找到一只或者几只自家动物残骸的牧羊人，应该以怎样微妙的情绪开展工作。他们学会了如何辨认狼的齿痕，并把狼和狗的齿痕区分开来：比如说，狼会干净利落地咬到猎物的喉咙，这种伤口在外面看来几乎是无害的，然而却会在猎物皮肤底下造成大出血。

他们口袋里装着计算公式用以计算应付的损失赔偿，并能立刻认识到，财政损失只是问题的一个部分。在开宣讲会的时候，他们会给民众演示用围栏保护家养动物，使其免受狼群攻击的方法，而且会解释狼的数量不会无限增长，因为每个狼群都需要很大的领地。而人们问得最多的，是在遇到一只狼的时候该怎么办。这时协调员会解释，在这种情况下，通常狼都会迅速退走。而此时人不能逃走，而应该站在那里不要动，与狼保持距离，或者，如果不想这样处理，也可以选择慢慢往后退，同时要注意大声说话。他们耐心地重复着数据和事实，希望能说明一件事：人们对狼的恐惧实际上大于它们造成的问题。

“相比之下，管理野生动物是简单的，”大约八十年前，一个叫奥尔多·利奥波德（Aldo Leopold）的人曾这么说，“管理人才是最难的。”[1]美国林业学家利奥波德被推为野生动物管理学科的创始人，该学科的工作是尝试为野生动物和人类生存需求找到共存的条件。他在自己的文章中用诗意而有力的字句描述他眼中的自然，这些文章使得他时至今日依然是美国环境保护主义的标志性人物——他最著名的文章以狼为中心，这也并非是一个巧合。在《像山一样思考》（*Thinking like a mountain*）一文中，作者描写了他有一次在河岸边射杀了一只母狼和它的幼崽的过程——他当时还年轻，扣动扳机的手指也很灵活，况且那时他还认为，狼是必须清除的物种。当他靠近他的杰作，想要仔细观察时，他看到了伤重垂死的母狼眼睛里那团“野性的绿光”慢慢熄灭了。有些什么新的东西触动了他。“我那时还年轻，不动扳机手就痒痒，”利奥波德这么写，“那时，我总是认为，狼越少，鹿就越多，因此，没有狼的地方就意味着是猎人的天堂。但

---

1 摘自苏珊·S.弗莱德（Susan S. Flader）:《像山一样思考：奥尔多·利奥波德和一种对待鹿、狼和森林的生态态度的进化》（*Thinking like a mountain. Aldo Leopold and the Evolution of an Ecological Attitude towards Deer, Wolves, and Forests*），哥伦比亚（密苏里州）：1974，189页。

是，在看到这垂死的绿光时，我感到，无论是狼，或是山，都不会同意这种观点。”[1]

这团微光的一丝火星跳入了奥尔多·利奥波德的心里，显而易见，它在那里一直燃烧着——它足足燃烧了将近四十年，直到在这段个人小故事的启发下，他形成自己的自然观，最终使他成为生态运动的先行者。人类并不是征服者，而单纯只是自然秩序里的一分子，他们只是帮助维持自然平衡而已。狼，作为食肉动物的代表，不再是干扰因素，而是这个秩序的柱石，而整个管理机制，维持整体运作的准绳，也并不是人类，而是自然本身："只有这座山长久地存在着，从而能够客观地去听取一只狼的嗥叫。”[2]狼不仅拥有生存的权利，还拥有更多：没有它平衡就会被打破。野生动物管理就成了人类的责任了。

奥尔多·利奥波德是一个孤独的警报者，世界还需要一点时间去准备迎接这一套观点。到那时人们才会意识到，繁荣和发展只是人类成就的一部分，但人类却为此付出了高

1 奥尔多·利奥波德：《像山一样思考》，收于《沙乡年鉴》（*A Sand County Almanac and Sketches Here and There*），牛津：1949，130页。

2 同上注，129—130页。

昂的代价。在未来一百至两百年里，可能有30%~50%的物种会灭绝。

奥尔多·利奥波德的观点在当时还很新颖，现在则已经成了生态学思想的核心。在《伯尔尼协议》(*Berner Konvention*)的序言里也有类似的更实用和更与人相关的表达，这份协约标志着这样一个共识的诞生："野生动植物在美学、科学、文化、休闲、经济和精神上都是自然的遗产，我们必须继承它们并传之后世。"在这份1979年签署的协议书的附录二中，狼与其他710种动物一起被列为应"大力保护"的物种，也就是说，它们既不允许受到妨碍，也不允许被囚禁，禁止人们杀害或贩卖它们。狼跟其他诸如曲斑(暗色)霾灰蝶、水獭等物种放在一起，它和其他这些物种之间的区别在于它自带的挑战——这不仅仅对于那些认为世界上没有狼会很好的人是挑战。人们很容易接受保护曲斑(暗色)霾灰蝶的愿望，毕竟那只是一种温和的、发着闪闪褐色光的蝴蝶呀。

狼向我们要求一些别的东西：它拒绝人类所自认为的历来占有自然的唯一性。人类从未像今天这样了解过狼，科技把它们从夜晚和森林的黑暗中拉到光亮处，人们用发送器、

狼看见了什么？而注视着狼的人又看到了什么？
弗雷德里克·雷明顿——《月光和狼》（约 1909 年）

用飞机、用相机来了解它们的一切。这大概是让在外游荡的真实动物与我们想象中的动物相互接近的最好时候了。然而，这个挑战看起来好像太大了。美国生态学家斯蒂芬·R.克勒特（Stephen R.Kellert）说，我们如果把大自然跟我们的情感对立起来，那我们什么都无法开展，[1]这是“亲生命假说”的一部分，这个假说认为人类和自然有着自然生发的、对完

1 这种思想贯穿于斯蒂芬·R. 克勒特的书《与生俱来的权利：现代世界中的人与自然》（*Birthright. People and nature in the Modern World*），耶鲁：2012。

整生命来说必需的联系 —— 在这种联系中包含着美学价值和依恋之情，当然也包含着恐惧和抗拒。

与之相矛盾的是，这些感情似乎很少被允许出现。对于有的人来说，狼始终还是一只需要与之抗争的恶魔；对于另一些人来说，它是充满威胁的荒野的象征；更有甚者，它简直是个完美的代表。

事实上，当下简洁的回答可能会实际一些，因为那使得许多事情都变得简单了。事实成了回应对狼的出现抱有怀疑态度的人的论据。在宣讲会上，如果有人问到，他现在进入森林是否应该感到害怕，那么能说出狼迄今为止还没有袭击过哪怕一个人这样的事实，或许会比较有帮助。但实际情况并非如此。2002年，挪威自然研究所（Norwegische Institut für Naurforschung）对这个话题进行过一次最彻底的调查，考证自16世纪起狼的袭击事件的可信度，并为此写下上百篇报告。[1]结果表明，狼实际上并不把人看作猎物，但确实有案例表明，狼会杀人。大多数情况下，这些狼是犯了

---

1 J. D. C. 林内尔等：《对狼的恐惧：回顾狼对人的袭击》（*The fear of Wolves: A review of wolf attacks on humans*），特隆赫姆：2002。网上资源：www.wwf.de/fileadmin/fm-wwf/Publikationen-PDF/2002.Review.wolf.attacks.pdf，2016.07.25。

狂犬病的，但有时却不是。为什么会有这样的情况出现，这就要说到前情了。在没有这么多自然猎物的时代，动物们习惯于接近居民区，从垃圾里找吃的或者猎杀家畜，放下自己在人类面前的胆怯。1950年起，全欧洲发生过9起狼袭击人致死的案例。其中4起事件中，狼没有患上狂犬病。

那么对于在森林散步安全性的问题，就应该这样回答：有时候，狼会杀人，但在森林里散步还是安全的。不能更简洁了。

如果能做出辩驳，说狼对于保持生态系统平衡是绝对必要的，这也会比较有帮助。过去一些年里，在美国流传着这样一个故事，这样一遍一遍的叙述使得它是那么不可抗拒：1995年，在消失了百年以后，狼重新定居在黄石国家公园，并在一定程度上治愈了这个公园——它们让园区重新变得欣欣向荣，在它们的努力下，鸣禽和海狸又回来了。而出现这些变化的原因，只因为狼消灭了一部分麋鹿，这些过量的麋鹿把一些特定的植物吃掉了，而这些植物又是别的动物的食物。在现有的营养学阶梯理论当中，捕猎者也会影响到在食物链上与之不直接相连的物种，但在这个案例中，根据近期调查显示，这个理论并不是无懈可击的。[1]这就像那个“狼是否会首选弱小的动物作为猎物，以此优化野生动物的基因库”的问题那样。这个问题的答案倾向于 —— 对于这个结论，目前尚缺少证据。

狼存在的权利并不来源于其无害性、它在生态当中的用处甚至它高贵的本性。所有这些尝试都表明，人们更想试图从人本主义的角度把它规制起来，而剔除掉妨害这一点的因素。

狼行猎时的一些行为方式有时会让人们恼怒。比如说，有时候狼群会杀死比自己能吃掉的数量更多的猎物。在加拿大，科学家们发现了34具野牛尸体，有些被狼吃掉了，有些却只是咬死了，这只是发生在几分钟内的事情。[2]在人身上可能会有不可抑制的杀戮欲望，但对于狼来说，如果它们有机会猎取猎物，那么它们大多数行动最有价值的动力都来

---

1 生态学家阿瑟·米德尔顿（Arthur Middleton）在《纽约时报》上总结了在狼的回归的积极影响这个问题上的错误：《阿瑟·米德尔顿：狼真的是美国的英雄吗？》（*Arthur Middleton: Is the Wolf a Real American Hero?*），载于《纽约时报》（*New York Times*），2014.03.09。

2 法兰克·L.米勒（Frank L. Miller）等：《以过捕为例看狼对新生野牛的掠夺行为》（*Surplus killing as exemplified by wolf predation on newborn caribou*），载于《加拿大动物学日志》（*Canadian Journal of Zoology*），63/2011，295—300页。

源于生存。然而在少数情况下，它们也会有永远无法满足的行猎冲动。

生物学家汉斯·克鲁克（Hans Kruuk）给这种大量捕杀猎物的行为命名为“过捕”（surplus killing）[1]，即过量捕杀，他认为人类因此对食肉动物着迷，因为在进化史中人类自己也是猎杀者，也会因受到这种猎杀的机制刺激而变得兴奋，同时却又因自己是食肉动物潜在的猎物而感到恐惧。我们既可以把自己定位为捕猎者，也可以把自己定位为猎物，人们只要看看电视里的动物影片就会知道这个角色变换得能有多快。就像人们带着一种特殊的感情看关于狼和野牛共存之类的纪录片，狼父母在与子女的玩耍中教会它们捕猎，毕竟孩子们也是会饿的。当你看长达数小时的狼群和一只强壮的野牛之间的决斗，而最终到了战斗结束的时候狼几乎都要跟它的猎物一样脱力了时，你对双方的好感基本是持平的。你终于把天平倾向了野牛，因为狼群在野牛死之前就开始撕咬野

1 汉斯·克鲁克：《猎人和猎物：食肉动物和人的关系》（*Hunter and Hunted. Relationships between Carnivores and People*），剑桥：2002，50—52 页。

“每一只狼都咬着前一只狼的尾巴，从而抵御着河水，以免被冲散，不久，它们就毫发无损地游到了河对岸。”这是记录在公元 200 年左右的书籍《埃里亚努斯的动物故事》（*Älians Tiergeschichten*）里的，作者相信，狼可以用这样的方法渡河，这启发了沃尔顿·福特（Walton Ford）画他的作品《连接》（*Catena*）。只是明显的，他的狼不可能这样到达对岸

牛，开始吃它的肉了。[1]你难以阻止的情感随着画面开始蔓延：多么可怜的野牛，多么残忍的狼。

现在大概正是允许正反方都出现的时刻。于是狼就有了一个不被简单化处理的机会，让自己脱离片面。这是认识下列事实的机会：狼是这么陌生，这么不同，像自然本身一样这么不可捉摸。它们既不残忍，也非善类，因为这些归类是只有了解它们的人才能做的。它们是这个世界的一分子，我们不是这个规则的制定者，我们被带到这个世界上，而这个世界即使没有我们也还会继续存在。这样看来世界就小了，而且这还是个不太舒服的观点，不能要求每个人，尤其是刚好站在被狼撕咬过的绵羊残骸面前的人，也持有这样的观点。

在地质学家称之为人类世（Anthropozän）的时期内，标记人类让地球发生不可逆改变的时间点是非常必要的。我们自己本身就已经变成一种相当具有破坏力的自然暴力。大自然现在已经在我们的看顾范围内，人类决定着什么东西能留在这上面。

1 参考电视纪录片系列《冰雪世界》（*Eisige Welten*）第5集：《在极地夜晚的魔力中》（*Im Bann der Polarnacht*），首播于德国电视二台（ZDF），2012.01.15。

狼的回归是这样一些决定产生的结果。而它们会放肆地接近我们，这又是一个挑战。如果能给它们划定一个避难所，一个没有围栏的动物园，让它们待在里面，那可能会比较简单。设立一个规则：这里是人类，那里是受保护动物，中间以自然状态保持着距离。20世纪的自然保护多半指的就是给动植物建立这样有界限的区域。但狼却拒绝这种概念，它们根本就会跑得更远，它们的活动范围可以很大。2012年，一只长大后被送出去的狼从斯洛文尼亚越过奥地利、阿尔卑斯山一直跑到了意大利。在维罗纳（Verona）北边，它和一只母狼一起组建了一个狼群。2000千米，还没有哪个国家公园可以有这么大。

除此之外，狼根本不需要一个避难所。这也是它得以成为物种保护历史中成功案例的原因，因为它们的适应性太好了。对于它们来说，只要不被打倒，狼就能继续扩大它们的势力。从20世纪80年代开始，欧洲和美国的狼的数量就急剧上升。保护动物，意味着给它们提供生存空间。也有一些物种，它们有着特殊的要求。但这其中不包括狼。对于它们来说，哪里有食物，哪里就是它们的生存空间。人口稠密，有着发达农牧业林地和田野的欧洲对它们而言已经是完美了。一只在萨克森练兵场上的狼并不是一只需要同情的，需要自己的生存空间的野兽。它的生活就跟加拿大北极远郊里生活的狼一样好。然而它们也打破了一个浪漫的想法，那就是：只有没有人类的地方，才是真正的大自然。

美国环境史学家威廉·克罗农（William Cronon）批评了当今城市人对自然的认知：在他们的想象中，天然、原始的荒野，连同上面居住着的动物，是现代生活的对立面，现代生活则已经不可救药地丢失了它的纯洁。[1]大自然是一个非历史、自主的，我们偶尔去探访的地方，在那里，我们会洗清由我们自己造成的文明进程的罪。克罗农则认为，人们可以最终轻轻松松地卸下自己的义务，再从一开始对环境造成破坏时就承担起责任：那就是在日常生活中这么做。他强调，应该抛弃掉把天然和人文、自然和非自然、纯净和受到人类影响这两种环境对立起来的二元论，因为这种对荒野的错觉不能拯救它，反而会更加伤害它。此外，偏远的自然保护区也要依赖人类的照顾和管理。那些有着纯粹的荒野的想

1 威廉·克罗农：《与荒野打交道时的麻烦；或者说，回到错误的自然》（*The Trouble with Wilderness; or, Getting Back to the Wrong Nature*），载于：《不寻常的大地：重新思考人类在自然的位置》（*Uncommon Ground. Rethinking the Human Place in Nature*），纽约：1995，69—90页。

法的人，更是经常忽视近在咫尺的自然：有些地方会连续经历人类使用以及保留自然原状两种状态。克罗农认为，与其事先把所有对自然的应用都看作是滥用，还不如找一条中间道路，在考虑周全的应用和不应用之间取得平衡——以及在我们的可控范围内学着保护自然。因为那是我们必须保护的东西。

狼就像传播这个警告的使者。它宣称我们的生存空间也是它们的生存空间，正是这一点要求我们要找到一条中间道路。树林、田野、水库、高架桥：伊尔卡·莱因哈特电脑上的点分布在人类的活动地点上，而这些，根据狼群行进的路线显示，同时也是狼的活动地点。狼再次站在文明和荒野的交界线上，这曾经给它们带来厄运的做法，在21世纪却开启了一种新的可能性。狼可以转换我们的视角。它们可以给我们展示别的物种的体验，会让我们感到惊讶，我们期望着看起来未经开发的大自然，其实离我们很近。正如在狼所生活的地区那样。它们不可见的存在就像一段声音很低的旋律，却改变了整个氛围。正因为它们在我们平时散步的路线上埋下了陌生感和不可捉摸感，使得森林成为了一个更加丰富的，更加充满神秘色彩的地方。森林因此能让人们感觉到，这里通行着一个比我们为了自己的利益创造出来的规则更宏大的规则，在这个规则下，我们从中心退回到边缘上。看起来，如果我们想要得到未来，那么我们就应该常常心怀这种感觉。而狼，则可以从旁帮助我们。

肖像

数百年来，在世界的许多地方，狼的历史都是遭到人类捕猎的历史，然而让人惊讶的是，狼依旧分布在许多地方。原来还有更多：狼可以在几乎所有的气候带，在不同的生存空间里生活，无论是平地还是山区，无论是草原还是森林，无论是泰加林带还是寒带冻原。它们轻松地适应了当地的条件，外表上也会随之调整。有的狼身材纤细而毛发短小，有的狼则体形巨大而身披鬃毛，轻至13千克者有，重达80千克者也有，它们的毛色有白、黑、灰、棕，其间所有深浅程度都可涵盖。

如果不同地区的狼之间形态和基因的区别都足够大的话，那么它们就被归到不同的亚种去——由于这其中的界限过于灵活，因此世界上到底有多少个狼亚种，长期以来还是个未解之谜。在一些分类法中有超过30种狼，而用另一些方法则明显少一些。接下来几页中介绍的狼也不是被所有科学家都认可的亚种，但它们能说明狼的适应性到底有多强。在这个世界上只有另一种哺乳动物可以以如此坚韧的毅力征服这个星球，那就是人类。

欧亚狼

学　名：*Canis lupus lupus*

德文名：Eurasischer Grauwolf

英文名：Eurasian Wolf

法文名：Loup gris commun

由于是通过描述它来描述整个物种的，因而欧亚灰狼的学名刚好就是所谓的“指名亚种”（Nominatform）：*Canis lupus lupus*，这会给人一种“这才是真正的狼，而其他的亚种则多多少少都存在着偏差”的印象。而事实上并非如此，但对于欧洲人来说，正如二百五十年前对于卡尔·冯·林奈（Carl von Linné）来说，这就是本土狼的代表。除了意大利狼之外，在这片大陆上的所有狼都是欧亚狼。它们原始的分布区域却还要更大：覆盖了俄罗斯到中国，在韩国和喜马拉雅地区也有重 30~50 千克的欧亚狼，从它们口鼻部侧面的明亮部分、耳朵内侧、腿部和腹部都能认出狼所属的种类，这些地方与其他覆盖着灰棕色毛皮的部分形成鲜明的对比。

从中世纪早期开始强力推行的对狼的捕猎就致力于使欧亚狼消失：最快见效的是在英格兰，早在 16 世纪早期狼就从那里灭绝了，然后在别的国家它们相继消失。自 19 世纪起就鲜少能在中欧地区见到狼了，在伊比利亚半岛和意大利还存活着一些，除此以外它们大多都在俄罗斯以及一些东欧国家艰难度过这段人类与狼敌对的时期。由于狼现在在许多国家都受到了保护，因而它们得以从这些地区向它们原先生活的地方移居。现在，欧亚狼又重新生活在大多数的欧洲国家了。

意大利狼

学　名：*Canis lupus italicus*

德文名：Italienischer Wolf

英文名：Italian Wolf

法文名：Loup d'Italie

它们的体形明显比欧洲其他地区的狼要小，因而生活在意大利半岛（Italienische Halbinsel）上的狼被归为另一个亚种，甚至是另一个物种。意大利狼的外形特征在于它们暗色的前肢和灰棕色的毛皮，科学家埃里克·茨曼和路易吉·博伊塔尼（Luigi Boitani）于20世纪70年代在阿布鲁佐大区（Abruzzen）寻找这种狼的幸存者时，它们已经濒临灭绝了。借助当时新出的遥测技术，也就是利用发送器，人们在短时间内把狼迷晕然后给它们戴上装置，科学家们惊讶地发现：这些最后的意大利狼的日常生活节奏完美地适应了山区居民，狼的生活范围离山民们近得难以置信，然而山民们却几乎从未见过它们。当夏天到来，郊游者们来这山区游玩时，它们就搬到海拔更高的地方去。冬天，当比较少人来的时候，它们就会跑过大雪覆盖而人迹罕至的公路。晚上，它们在村庄里寻找吃的，它们也会叼走绵羊。现在有差不多100头意大利狼，它们被保护起来，野生狼的数量又重新上升起来。

到今天，狼又重新生活在绵延1500千米的亚平宁山脉（Apennin）以及意大利的阿尔卑斯山间。年轻的狼偶尔会游荡到法国和瑞士。它们的数量增多了——现在要研究的题目变成了狼和野狗的配对会对它们造成多大的影响。这样的配对在意大利有很多。

西伯利亚平原狼

学　名：*Canis lupus campestris*

德文名：Steppenwolf

英文名：Steppe Wolf

法文名：Loup des Steppes

“这种动物本身能激起如此强烈的好奇，这根本不是很引人注目的事情。它看起来就是这样，就像西伯利亚平原狼，*lupus campestris*，应当看起来的样子。”赫尔曼·黑塞（Hermann Hesse）就像谈论一个老熟人一样谈论着西伯利亚平原狼，这是最少被研究到的狼亚种——如果不是1927年黑塞在他的小说《荒原狼》（*Der Steppenwolf*）里把这种动物塑造成命途多舛的主人公哈利·哈勒尔（Harry Haller）的第二重自我，我们当中可能鲜少有人听说过这种动物。

黑塞的狼肯定比现实当中的狼要隐含更多寓意——它释放了一种性格，一种哈利认为会毁掉舒适而完美的人类生活的性格：本能、对自由的渴望、格格不入。这不安的灵魂游荡在无尽的荒原的图景，加强了黑塞塑造的主人公那种孤独感和无家可归感的影响。

实际上，西伯利亚平原狼居住在中亚地区的荒原上，在那里，它跟其他早期在苏联地区生活的狼一样，并没有受到保护。它有着像它居住地区的草原一样红棕色的皮毛，是一种小型短毛狼。它猎食其他的荒原动物，例如高鼻羚羊（Saiga-Antilope），以及在里海地区（Kaspischen Meer）偶尔也会捕猎只在那里出现的里海海豹（Kaspische Robbe）。

俄罗斯狼

学　名：*Canis lupus communis*

德文名：Russischer Wolf

英文名：Russian Wolf

法文名：Loup de Russie

21 世纪伊始从西伯利亚（Sibirien）传来的消息让人想起百年前的美国：小地方的市长们呼吁要联合起来举行猎狼行动，提高每张狼皮的悬赏价格——据谣传，超过 500 欧元——而杀狼最多的人还能得到额外的奖赏：一辆履带式雪地汽车。在俄罗斯，在村庄里组织起来的猎狼行动有着悠久的历史，而那些在西伯利亚北部地区偶尔猎杀驯鹿和马的强盗，据估计大多都是俄罗斯狼，它们激起人们的厌恶已有着数百年的历史了。关于这种亚种我们所知不多，我们甚至不能完全确定它们的分布地区。以前它们出没在整个西伯利亚地区和东欧的广泛地区，而现在则还在乌拉尔山（Ural）和西伯利亚部分地区——如果那跟苔原狼（Tundrawolf）没什么关系的话。苔原狼跟俄罗斯狼是很相似的。在俄罗斯和其他属于苏联的国家中，狼群管理更意味着，人们尽可能地杀死这些动物。如果一个地方的人类对它们构成了太大的威胁，它们就会搬到另外的地方，搬到更崎岖难行的地方去。俄罗斯狼也是如此，它们逃到乌拉尔山去，这座绵延超过 2000 千米的大山是俄罗斯亚洲部分和欧洲部分的分割线。并非巧合地，在俄罗斯有一句俗语：“他的脚喂了狼。”

苔原狼

学　名：*Canis lupus albus*
德文名：Tundrawolf
英文名：Tundra Wolf
法文名：Loup de Sibérie

苔原狼很受重视，又或者说，被猎杀，这主要是因为它的皮毛，1792 年，苏格兰医生和动物学家罗伯特·科尔（Robert Kerr）作为描述这种动物的第一人这么写他的报告。这是很好理解的，它的皮毛是那么毛茸茸的，让人忍不住想摸一摸。这不只是因为其多为银灰色的毛比其他狼都长，而且它们还拥有更丰密的毛发，每平方厘米可达 6000 根，这数量是那些住在南方地区的亚种的两倍。这样隔热的毛皮还有一个好处，那就是当它们休息的时候——狼经常这么做——不需要找没有雪的地方，而是随便躺下就好了。

苔原狼跟北极狼（Polarwolf）一样，是在冰天雪地中生活的动物。它们地域广大而密度稀疏的分布区域位于北俄罗斯，覆盖整个西伯利亚，一直延伸到太平洋沿岸，这样的分布在某个方面保护了它们。但另一方面，这树木稀少的无尽苔原和泰加林带让它们成为猎人们轻易可见的目标，他们会从飞机上往下射击。正如其他狼一样，苔原狼体形巨大，可达 80 千克，它们通常捕食驯鹿、赤鹿和麋鹿。在俄罗斯，猎杀它们是合法行为。近几十年来，对苔原狼的过度猎杀使得它们迁往南方，在那里，它们和欧亚狼混血了。

伊朗狼

学　名：*Canis lupus pallipes*
德文名：Indischer Wolf
英文名：Indian Wolf
法文名：Loup des Indes

如果养育少年毛克利（Mowgli）长大的狼真实存在的话，那么它会是瘦小纤细的，有着长长的口鼻部和看起来过大的耳朵——因为鲁德亚德·吉卜林（Rudyard Kipling）的《丛林之书》（*Dschungelbuch*）发生在印度，那里是伊朗狼的生存地带。对于狼是否真的偶然喂养了人类小孩，并把他收入狼群中，至今仍然在讨论当中。而像这样激发了吉卜林写小说的案例在印度直到 20 世纪依然有报道。而科学家很早以前就发现了答案：不，狼是不会收养人类小孩的。

伊朗狼同样也不像吉卜林所说的生活在雨林中，它们更愿意生活在次大陆的半干旱地区。当夏天到来，天气达到 40 摄氏度高温的时候，伊朗狼会脱掉它们浅棕色毛发中的绒毛，这让它们看起来更加瘦小，腿更长。由于它们体形较小，因此捕杀小型猎物，例如瞪羚、啮齿类动物对它们来说就够了。

现存的伊朗狼还有 2000~3000 头，它们也生活在以色列、伊朗及土耳其。在印度，由于它们的野生猎物数目在不断减少，因此它们经常会猎杀农民们的家畜。农民们则回敬以毒药或用烟熏狼洞逼它们出来。无论如何，在印度迄今总还有狼存在，这不仅是因为 1972 年以后狼受到了保护，还因为印度人受宗教和文化的影响，对动物都比较宽容。

东加拿大狼

学　名：*Canis lupus lycaon*
德文名：Timberwolf
英文名：Eastern Wolf
法文名：Loup de L' Est

看东加拿大狼就能很好地感受到，尝试划分动物的物种和亚种是一项复杂且永远没有尽头的计划。多年以来，科学家致力于回答这种狼是否应该归类为一个独有的品种这个问题，其学名应为 *Canis lycaon*。它与其他狼在基因上的区别表明了这一点，况且还有其他的特性也带着这个指向。无可争辩的是，东加拿大狼和郊狼——在犬科家族中是一种体形较小的亲戚——有着近亲关系，这两种动物机缘巧合下混了血，而郊狼和北美地区其他狼碰面时，故事基本都以郊狼的死亡告终。或许它们有共同的祖先，在北美大陆上，它们发展成了约 30 千克重、有着多种颜色皮毛的东加拿大狼；而狼，*Canis lupus* 则源自欧亚大陆，而后迁往北美。对猎物不同的偏好——体形较小，在树林里生活的东加拿大狼偏爱赤鹿，其他的北美狼则更喜欢麋鹿和驯鹿——或许可以解释这两种类型的狼的数量为何如此悬殊。看起来查尔斯·达尔文（Charles Darwin）曾经说过的那番话很有道理。他在《物种起源》（德文名：*Über die Entstehung*，英文名：*On the Origin of Species*）中写道：“在美国卡兹奇山（Catskill-Berge）居住着两种不同的狼，有一种较为灵活轻盈，它们猎杀鹿；另一种则更丰满，有着较短的腿，它们袭击羊圈的频率更高。”

大平原狼

学　名：*Canis lupus nubilus*

德文名：Büffelwolf

英文名：Great Plains Wolf

法文名：Loup des Plaines

1804 年 7 月 20 日，当威廉·克拉克（William Clark）在他的日记里记下了他们在内布拉斯加州（Nebraska）的草原上射杀了一只“极其巨大的黄色的狼”时，他们在陌生的美国西部地区的探险已经进行两个月了。33 岁的克拉克，连同梅利韦瑟·刘易斯（Meriwether Lewis）是这个为期两年的考察之旅的领头人。那天他们其实是在寻找麋鹿，但是他们并没有找到，看起来他们要用狼充数了。刘易斯和克拉克的日记用充满错误修辞的电报风格把他们著名的考察过程记录了下来，或许那是第一份对大平原狼进行记录的文字资料。越来越多的人碰到这种动物，这并不值得惊讶：当时在落基山脉（Rocky Mountains）东部的大草原上一定居住着许许多多这种狼，因为在那里有不计其数的野牛，它们不费吹灰之力就能获得食物。在美国，再没有别的狼像它们那样，有着这样广大的分布区域。1850 年起，它们却被扼住了咽喉。人们征服了西部，在那里铺起了铁路，野牛因此几乎灭绝，大平原狼也紧随着这个命运。

20 世纪 60 年代时只剩下约 700 只大平原狼，它们退守在明尼苏达（Minnesota）东部崎岖难行的地区。1974 年大平原狼受到了保护，现在，在五大湖地区（Great Lakes）它们的数量又恢复到数千只了。

马更歇狼

学　名：*Canis lupus occidentalis*

德文名：Mackenzie Valley Wolf

英文名：Northwestern Wolf

法文名：Loup du Canada

1995 年 1 月，一个铝箱寄到了怀俄明州（Wyoming）的黄石国家公园（Yellowstone Nationalpark）。箱子里装着 14 只马更歇狼，人们在加拿大的落基山脉抓住了它们，它们会让美国最老的国家公园里重新出现狼的身影。1926 年，当最后一只狼被射杀时，那里曾经居住的其实是另一种体形更小的亚种。然而人类却让它们永远地消失了。

七十年之后，让食肉动物重新开始在这里生息繁衍是一项铺张浪费而充满争议的项目。这个箱子之后还有更多铝箱陆续寄到，总共有 32 只狼被带到了黄石公园。今天，超过 300 只狼居住在这个地区，这里成为了世界上观察狼最好的地方。

公园里所有的狼都是马更歇狼，它们实际上来自加拿大西部直到阿拉斯加地区。1829 年，自然科学家及外科医生约翰 · 理查森爵士（Sir John Richardson）成为第一个描述这种狼的人，他参与了两次著名的富兰克林探险以寻找北极的西北航线，并在那里看到了这些动物。理查森认为，马更歇狼长而柔软的毛皮，肥厚的口鼻，圆润的脑袋，黑白相间闪闪发亮的毛色和浓密的尾巴使它们看上去不像欧洲的狼，反而与爱斯基摩犬更为相似。

北极狼

学　名：*Canis lupus arctos*

德文名：Polarwolf

英文名：Arctic Wolf

法文名：Loup Arctique

在那人类无法生存的地方，是北极狼的王国。那些在加拿大北极地区和格陵兰岛的海岸上见到北极狼痕迹的研究学者把它描述成一种异常温良而好奇的生物。美国狼研究的首席专家大卫·迈克，曾在许多夏天和狼群比邻而居，他叙述着北极狼如何观察他的帐篷，还有一只小狼用牙拉他的鞋带。当冬天降临北极地区时，迈克则收起他的行装，因为将近 5 个月的黑暗环境和接近 –50 摄氏度的严寒是不利于进行研究的。

与之相反，北极狼非常适应这样恶劣的天气：它们的毛皮白得就像它们居住着的雪原一样，这毛皮分两层——下层的绒毛用来保暖，上层的长毛则防水。为了减少迎风的面积，它们的腿和口鼻部比其他亚种的狼要短。它们的耳朵小而圆。北极狼住在人烟极其稀少的地区，因此它们躲过了猎狼行动，只有因纽特人（Inuit）有时会为了它们的毛皮而射杀它们。然而它们也面临着威胁：气候变化改变了北极地区，雪兔、驯鹿、麝牛，也就是它们的猎物数量在减少。为了在这贫瘠的边远地区吃饱，还要产下后代，它们需要非常大的领地，它们的地盘可覆盖 1600 平方千米。然而地方可能很快就不够了。

墨西哥狼

学　名：*Canis lupus baileyi*
德文名：Mexikanischer Wolf
英文名：Mexican Wolf
法文名：Loup du Mexique

人类可以用与猎杀动物相同的精力来拯救它们，在这点上，墨西哥狼就是一个很好的例子。它是世界上最稀少的哺乳动物之一，全世界只剩下约 400 只。它们中的大多数都被关在笼子里圈养起来，女钢琴家埃莱娜·格里莫也利用她位于纽约的狼研究中心为拯救墨西哥狼出一份力。

如果 20 世纪 70 年代时人们没有开始行动，El lobo，它也叫这个名字，可能今天就已经灭绝了。它们原先居住在美国亚利桑那州（Arizona）、得克萨斯州（Texas）西部以及新墨西哥州（New Mexico）南部，然而后来在那里已经见不到它们的踪迹，反而在邻国墨西哥（Mexico）似乎倒还留存着最后一些。一个做陷阱捕猎的猎人受到委托，用三年时间在那里抓了 5 只墨西哥狼。利用这 5 只狼，美国启动了一个人工繁殖项目。1998 年，人们在亚利桑那州和新墨西哥州放生了第一批墨西哥狼。现在又有 100 只狼生活在那里了。这种居住在北美洲大陆最南边、体形最小的亚种与它们来自更北方的邻居们在基因上明显不同。由于沙漠是一道天然的屏障，它们与其他狼并没有进行混血。

在它们得以命名的国家墨西哥，今天已经不见这种狼的存在了。当时那 5 只被抓住的墨西哥狼明显就是最后剩下的种了。

参考文献

Luigi Boitani und David L. Mech:
Wolves.Behaviour, Ecology and Conservation（《狼：行为，生态与对话》），Chicago 2003.

Alfred Brehm:
Brehms Thierleben. Allgemeine Kunde des Thierreichs, Band 1（《布雷姆的动物生活：动物王国的常识》，卷 1），Leipzig 1883.

Angela Carter:
Blaubarts Zimmer（《染血之室与其他故事》），Reinbek bei Hamburg 1985.

Peter Coates:
Nature. Western Attitudes since ancient times（《自然：远古时期西方的态度》），Berkeley 1998.

Jon T. Coleman:
Vicious. Wolves and men in America（《邪恶的：美洲的狼与人》），New Haven 2004.

William Cronon:
The Trouble with Wilderness; or, Getting Back to the Wrong Nature in: ders:*Uncom-mon Ground: Rethinking the Human Place in Nature*（《与荒野打交道时的麻烦；或者说，回到错误的自然》，载于《不寻常的大地：重新思考人类在自然中的位置》），New York 1995, S. 69—90.

Edward A. Goldman und Stanley P. Young:
The Wolves of North America（《北美的狼》），Washington 1944.

Edward Johnson:
Johnson's Wonderworking Providence, 1628—1651（《约翰逊奇妙的工作洞见，1628—1651》），New York 1910.

Conrad Gesner:
Allgemeines Tierbuch, nachgedruckt in: Conrad Gesner: *Von der Hunden und dem Wolf*（《动物史》：翻印自康拉德·格斯纳《从狼和狗说起》），Berlin 2008.

Hélène Grimaud:
Wolfssonate（《野变奏》），München 2006.

Jacob und Wilhelm Grimm:
Kinder-und Hausmärchen（《格林童话》），Stuttgart 2001.

Kurt Kotrschal:
Mensch-Wolf-Hund：Die Geschichte einer jahrtausendealten Beziehung（《人—狼—狗：一段千年关系的历史》）, Wien 2012.

Heinrich Kramer (Institoris):
Der Hexenhammer. Malleus Maleficarum. Kommentierte Neuübersetzung（《女巫之锤：带评论的新译本》）, München 2000.

Earle Labor:
Jack London. An American Life（《杰克·伦敦：一段美国生活》）, New York 2013.

Aldo Leopold:
A Sand County Almanac and Sketches Here and There（《沙乡年鉴》）,Oxford 1949.

John D. C. Linnell et al.:
The Fear of Wolves. A review of wolf attacks on humans（《对狼的恐惧：回顾狼对人的袭击》）, Trondheim 2002.

Jack London:
Der Ruf der Wildnis（《野性的呼唤》）, München 2013;
Wolfsblut（《白牙》）, München 2013.

Barry Lopez:
Of Wolves and Men（《关于狼与人》）, New York 1978.

David Mech:
The Wolf. The Ecology and Behaviour of an Endangered Species（《狼:一种濒危物种的生态与行为》）, New York 1970.

Adolph Murie:
The Wolves of Mount McKinley（《麦金利山的狼》）,Washington 1944.

Charlotte F. Otten:
A Lycanthropy Reader. Werewolfes in Western Culture（《一个狼人读者：西方文化中的狼人》）, New York 1986.

Ovid:
Metamorphosen（《变形记》）, Stuttgart 1990.

Charles Perrault:
Contes de fées. Märchen（《仙女的故事》）, München 2001.

Clarissa Pincola Estés:
Die Wolfsfrau.Die Kraft der weiblichen Urinstinkte（《与狼同行的女人》），München 1993.

Mark Rowlands:
Der Philosoph und der Wolf（《哲学家和狼》），München 2010.

Marianne Rumpf:
Rotkäppchen. Eine vergleichende Märchenuntersuchung（《小红帽：一份童话对比研究》），Göttingen 1951.

Boria Sax:
Animals in the Third Reich. Pets, Scapegoats and the Holocaust（《第三帝国的动物：宠物、替罪羊和大屠杀》），New York 2000.

Rudolf Schenkel:
Ausdrucksstudien an Wölfen（《关于狼的表达研究》），Leiden 1947.

Homayun Sidky:
Witchcraft, Lycanthropy, Drugs and Disease: An Anthropological Study of the European Witch-Hunts（《巫术、狼人、药品和疾病：一份关于欧洲猎巫行动的人类学研究》），New York 1997.

Max von Stephanitz-Grafrath:
Der deutsche Schäferhund in Wort und Bild（《图文解说德国牧羊犬》），München 1911.

Friedrich von Tschudi:
Das Thierleben der Alpenwelt（《阿尔卑斯世界的动物生活》），Leipzig 1875.

Erik Zimen:
Der Hund. Abstammung, Verhalten, Mensch und Hund（《狗：起源、行为、人与狗》），München 1992;
Der Wolf. Mythos und Verhalten（《狼的故事：神话与行为》），Frankfurt am Main 1980.

Jack Zipes:
The Trials and Tribulations of Little Red Riding Hood .Version of the Tale in Sociocultural Context（《在社会文化语境下〈小红帽〉故事中的审判与苦难》），South Hadley 1983.

图片索引

第 48 页

Timber Wolf and Coyote（《森林狼与郊狼》）, Louis Agassiz Fuertes, The book of dogs, Washington D.C., 1919.

第 52 页

Soziales Verhalten des Wolfs（《狼的社会行为》）, Konrad Senglaub: Wildhunde, Haushunde, Leipzig 1978. Zeichnung © Reiner Zieger, Berlin. Mit freundlicher Genehmigung.

第 53 页

Ausdrucksmodell（《表达模型》）von Erik Zimen. Zeichnung von Prill Barrett. Mit freundlicher Genehmigung des Kosmos Verlags. Auszug entnommen aus: Zimen, Der Wolf © 2003 Franckh-Kosmos-Verlags-GmbH & Co. KG, Stuttgart.

第 57 页

Arctic Wolf（《北极狼》）, The larger North American mammals, Washington 1916.

第 58、59 页

Verfolgen eines Elchs, Zutreiben eines Rehs（《追捕麋鹿与鹿》）, Pauline Altmann nach Zeichnungen von Vladimir Smirin.

第 66 页

Ankündigung zum Vorabdruck von Jack London: Ruf der Wildnis（《杰克·伦敦：野性的呼唤》预印本公告）, Saturday Evening Post, 1903. Design von Charles Livingston Bull.

第 71 页

Canis Lupus Linn.（《狼》）, Vergleichende Naturbeschreibung der Säugethiere, Erlangen 1809.

第 77 页

Wolf aangevallen door honden（《被狗攻击的狼》）, Abraham Daniëlsz. Hondius, 1672.

第 84 页

Ein strittiger Fund（出处未知）. Nach einer Originalzeichnung von F. Specht. Die Gartenlaube, Leipzig 1897.

第 92 页

Der einsame Wolf（《孤狼》）, Alfred Kowalski-Wierusz.

第 95 页

Red Texan Wolf（《得克萨斯红狼》）, J. J. Audubon: The quadrupeds of North

作者简介：

佩特拉·阿奈（Petra Ahne），1971年生于慕尼黑，曾在柏林和伦敦学习比较文学、艺术史和新闻学，现任《柏林日报》编辑。

译者简介：

张雪洋，毕业于北京外国语大学，获得跨文化研究专业硕士学位，现任中国中医科学院助理研究员，研究方向为中德文化、科技与医学交流。

麦启璐，毕业于广东外语外贸大学德语系，后赴德留学，获得德国耶拿大学对外德语专业硕士学位，现任广东外语外贸大学南国商学院德语专业讲师。

il aura grant foison de loups
on doit faire son traym par les
chemins ainsi que iay dit et
porter la charongne pres de lo
stel ou celui la sen vouldra
chacer et la doit faire une fos
se et getter la charongne dedens
et laissier un pertuis de lune
part de la fosse ainsi que le
grant de la teste dun homme.
Et quant le loup ven
dra et sentira la charongne de
dens et verra le pertuis il aura
grant paour et se tirera arriere
et puis si aura le pertuis et vau
dra aler tout autour lors decer
ra il en la fosse et le puet on pren
dre vif a une fourche ferree de quoi
lui mettre sus le col contre terre
et lier comme un chien.

Comme on prent loups aux
aguilles. .lxvii.

Aussi puet on
prendre les
loups aux
aguilles en
telle maniere. On doit avoir
tant daguilles comme on vou
dra et de deux en deux pres lu
ne de lautre les lier de fil de

图书在版编目（CIP）数据

狼 /（德）佩特拉·阿奈著；张雪洋，麦启璐译
.— 北京：北京出版社，2024.3
ISBN 978-7-200-13612-8

Ⅰ．①狼… Ⅱ．①佩… ②张… ③麦… Ⅲ．①狼—普及读物 Ⅳ．① Q959.838-49

中国版本图书馆 CIP 数据核字（2017）第 310936 号

策 划 人：王忠波
学术审读：刘　阳
责任编辑：王忠波
特约编辑：刘　瑶
责任营销：猫　娘
责任印制：陈冬梅
装帧设计：吉　辰

狼
LANG

[德] 佩特拉·阿奈　著　张雪洋　麦启璐　译

出　　版：北京出版集团
　　　　　北 京 出 版 社
地　　址：北京北三环中路 6 号（邮编：100120）
总 发 行：北京出版集团
印　　刷：北京华联印刷有限公司
经　　销：新华书店
开　　本：880 毫米 ×1230 毫米　1/32
印　　张：5.75
字　　数：89 千字
版　　次：2024 年 3 月第 1 版
印　　次：2024 年 3 月第 1 次印刷
书　　号：ISBN 978-7-200-13612-8
定　　价：68.00 元

如有印装质量问题，由本社负责调换　质量监督电话：010-58572393

著作权合同登记号：图字 01-2017-7312

First published in the series Naturkunden, edited by Judith Schalansky for Matthes & Seitz Berlin